"创新设计思维"

数字媒体与艺术设计类新形态丛书

Photoshop CS6

平面设计教程 |第 2 版|微课版|

黄菲 邓强 主编

鲜军 张安虎 副主编

U0277436

人民邮电出版社

北 京

图书在版编目（CIP）数据

Photoshop CS6 平面设计教程：微课版 / 黄菲，邓强主编. -- 2版. -- 北京：人民邮电出版社，2025.
（"创新设计思维"数字媒体与艺术设计类新形态丛书）.
ISBN 978-7-115-65242-3

Ⅰ. TP391.41

中国国家版本馆 CIP 数据核字第 2024FK9363 号

内 容 提 要

平面设计作为现代视觉传达的重要手段，以其独特的视觉语言，在信息传播、品牌推广、文化交流等领域发挥着重要的作用。要想创作出优秀的平面设计作品，离不开强大的设计软件，Photoshop CS6 作为 Adobe 公司推出的一款专业图像处理软件，以其丰富的功能、强大的性能和易于操作的特点，成为平面设计师们的常用软件。本书讲解 Photoshop CS6 在平面设计中的各种应用，以及使用 AIGC 辅助工具进行平面设计的方法，帮助读者提高设计效率，提升设计效果。

本书理论与实践紧密结合，以课前预习帮助读者理解课堂内容、培养学习兴趣，以课堂案例带动知识点的讲解，每个案例配有详细的图文操作说明及配套操作视频，能够全方位展示使用 Photoshop 与 AIGC 工具进行平面设计的具体过程。同时，本书还提供"提示""行业知识""知识拓展""资源链接"等小栏目辅助学习，帮助读者高效理解与快速解决问题。

本书不仅可作为高等院校与职业院校平面设计、艺术设计、视觉传达设计等专业的软件应用基础课程教材，还可供平面设计初学者自学，或作为相关行业工作人员的学习和参考用书。

◆ 主　编　黄　菲　邓　强

　　副主编　鲜　军　张安虎

　　责任编辑　许金霞

　　责任印制　陈　犇

◆ 人民邮电出版社出版发行　　北京市丰台区成寿寺路 11 号

　　邮编　100164　　电子邮件　315@ptpress.com.cn

　　网址　https://www.ptpress.com.cn

　　三河市中晟雅豪印务有限公司印刷

◆ 开本：787×1092　1/16

　　印张：15　　　　　　　　　　　2025 年 2 月第 2 版

　　字数：382 千字　　　　　　　　2025 年 2 月河北第 1 次印刷

定价：69.80 元

读者服务热线：(010)81055256　印装质量热线：(010)81055316
反盗版热线：(010)81055315

前言 PREFACE

平面设计作为现代文化传播的关键载体，其价值和意义不言而喻，基于此，我们精心策划并推出《Photoshop CS6平面设计教程（第2版 微课版）》。本书在原有基础上进行了全面升级与改进，紧密结合党的二十大报告中关于文化自信自强的精神要求，致力于在传授Photoshop CS6与AIGC工具操作技巧的同时，引导读者深入探索并表达文化内涵，在平面设计中巧妙地融入民族文化元素，展现新时代的精神风貌，创作出既有技术深度，又有文化内涵的优秀作品。

除此之外，本书注重理论与实践相结合，通过丰富的案例实践让读者提升操作技能，激发创新思维。同时，本书也关注未来设计趋势，提供前沿设计理念和技术介绍，使读者能够紧跟时代步伐，创作出既实用，又具有前瞻性的平面设计作品，成为一名符合市场需求的高技能应用型人才。

 ## 教学方法

本书精心设计"学习引导→扫码阅读→课堂案例→知识讲解→综合实训→课后练习"6段教学法，细致而巧妙地讲解理论知识，制作典型商业案例，激发读者的学习兴趣，训练读者的动手能力，提高读者的实际应用能力。

学习引导	扫码阅读	课堂案例	知识讲解	综合实训	课后练习
素养目标 学习要点	案例欣赏 课前预习	制作要求 操作要点 案例效果图 操作讲解 微课视频教学	融入 AIGC 应用 理论体系完善 知识讲解深入 强调实际应用	案例背景 制作要求 设计思路 关键步骤提示 微课视频教学	制作要求 操作提示 练习参考效果图 提供素材效果文件

 ## 本书特色

本书以案例制作带动知识点的方式，结合AIGC知识，全面讲解Photoshop平面设计的相关知识，其特色可以归纳为以下4点。

- 紧跟时代，拥抱AI：本书关注人工智能生成内容（AIGC），介绍了电商海报、App图标、网站页面等平面设计领域的AI应用。通过精选课堂案例，本书不仅介绍了AIGC的重要工具，还展示了如何在实际项目中运用这些工具，提升平面设计效率。在综合案例中，本书也融入了前沿的AIGC工具，旨在帮助读者掌握AI技能，为未来的职业发展奠定坚实基础。

- 理实结合，技能提升：本书围绕Photoshop平面设计知识展开，以课堂案例引导知识点讲解，在案例的制作与学习过程中融入软件操作，并结合AI工具进行平面设计作品的编辑与制作，理实一体，提高读者实操与独立完成能力。

- 结构明晰，模块丰富：本书从平面设计基础知识展开，涵盖了海报、宣传册、书籍装帧等主要平面设计类型，并设计了课堂案例、综合实训、课后练习和行业知识等模块，帮助读者构建立体全面的知识体系。

- 商业案例，配套微课：本书精选商业设计案例，由常年深耕教学一线、富有教学经验的教师，以及设计经验丰富的设计师共同开发。同时，本书配备教学微课视频等丰富资源，读者可以利用计算机和移动终端学习。

 教学资源

本书提供立体化教学资源，下载地址为www.ryjiaoyu.com，主要包括以下6个方面。

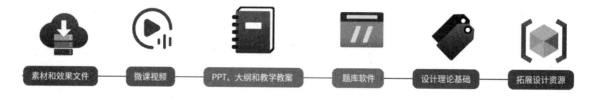

素材和效果文件 — 微课视频 — PPT、大纲和教学教案 — 题库软件 — 设计理论基础 — 拓展设计资源

编者

2025年1月

目录 CONTENTS

第3章 应用选区

第4章 绘制图像与形状

第5章 修饰与修复图像

第6章 应用图层

第 7 章 图像调色处理

第 8 章 文字设计与排版

第 9 章 使用通道与蒙版

第 **10** 章 制作特效图像

第 **11** 章 使用 AIGC 进行平面设计

第 **12** 章 综合案例

第 1 章

Photoshop CS6的基本操作

使用 Photoshop CS6 进行平面设计前，首先需要了解图像处理的基本概念，并通过操作实践掌握图像文件的基本操作方法，然后对辅助工具进行一定的了解。通过本章的学习，读者可以掌握平面设计的相关知识和 Photoshop CS6 的基本操作，为后续的学习奠定扎实的基础。

学习要点

◎ 熟悉图像处理的基本概念和Photoshop CS6的工作界面。

◎ 掌握图像文件的新建、打开和保存等操作。

◎ 掌握导入和导出文件的操作。

◎ 熟练运用标尺、网格、参考线等辅助工具。

素养目标

◎ 学习和欣赏各种艺术作品，提升设计审美。

◎ 培养对平面设计的兴趣，提升平面设计能力。

扫码阅读

案例欣赏

课前预习

图像处理的基本概念

使用 Photoshop CS6 处理图像之前，需要先了解图像处理的基本概念，包括像素与分辨率、位图与矢量图、图像颜色模式、图像文件格式等概念。

1.1.1　像素与分辨率

Photoshop CS6 中的图像大部分是位图图像，位图图像的基本单位是像素，在创建位图图像时需为其指定分辨率大小。图像的像素与分辨率均能体现图像的清晰度。

1. 像素

像素是构成位图图像的最小单位，是位图中的一个小方格。若将一幅位图看成是由无数个点组成的，则每个点就是一个像素。图 1-1 所示为 100% 显示的效果，将其放大到一定的比例时就可以看见构成图像的方格状像素，如图 1-2 所示。

100% 显示效果

图 1-1

放大显示效果

图 1-2

2. 分辨率

分辨率是指单位长度上的像素数目。单位长度上的像素越多，分辨率越高，图像就越清晰，所需的存储空间也越大。分辨率可分为图像分辨率、打印分辨率、屏幕分辨率等。

- 图像分辨率：图像分辨率用于确定图像的像素数目，其单位有"像素 / 英寸"和"像素 / 厘米"。例如，一幅图像的分辨率为 300 像素 / 英寸，表示该图像中每英寸包含 300 个像素。
- 打印分辨率：打印分辨率又叫输出分辨率，是指绘图仪或激光打印机等输出设备在输出图像时每英寸所产生的油墨点数。使用与打印机输出分辨率成正比的图像分辨率，可以产生较好的输出效果。
- 屏幕分辨率：屏幕分辨率是指显示器上每单位长度显示的像素或点的数目，单位为"点 / 英寸"。例如，80 点 / 英寸表示显示器上每英寸包含 80 个点。

1.1.2　位图与矢量图

计算机中的图像一般分为位图和矢量图。Photoshop 是典型的位图处理软件，但也包含一些矢量功能，如使用文字工具输入矢量文字、使用钢笔工具绘制矢量图形。

1. 位图

位图也称点阵图或像素图，由多个像素点构成，能够将灯光、透明度、深度等逼真地表现出来。将位图放大到一定比例，可看到它由多个小方块组成，这些小方块即为像素。位图图像的质量由分辨率决定，单位面积内的像素越多，分辨率越高，图像效果就越好。图 1-3 所示为位图 100% 显示、放大至 200% 显示和放大至 800% 显示后的对比效果。

100% 显示效果　　　　　　　200% 显示效果　　　　　　　800% 显示效果

图 1-3

2. 矢量图

矢量图又称向量图，通过数学公式计算获得，基本组成单元是锚点和路径。将矢量图无限放大，图像仍保持平滑的边缘和清晰的视觉效果，但很难表现聚焦和灯光效果。图 1-4 所示为矢量图 100% 显示、放大至 200% 显示和放大至 500% 显示后的对比效果。

100% 显示效果　　　　　　　200% 显示效果　　　　　　　500% 显示效果

图 1-4

1.1.3　图像颜色模式

颜色模式是数字世界中表示颜色的一种算法，常用的有位图模式、灰度模式、双色调模式、索引模式、RGB 颜色模式、CMYK 颜色模式、Lab 颜色模式、多通道模式等。

颜色模式会影响图像通道的多少和文件的大小，每个图像具有一个或多个通道，每个通道都存放着图像中的颜色信息。图像中默认的颜色通道数取决于颜色模式。在 Photoshop CS6 中选择【图像】/【模式】命令，在弹出的子菜单中可以查看所有颜色模式，选择其中的命令可在不同的颜色模式之间相互转换。下面分别对各个颜色模式进行介绍。

1. 位图模式

位图模式是只有黑白两种像素表示图像的颜色模式，适合制作艺术样式或创作单色图形。将彩色图

3

像转换为该模式后，颜色信息将丢失，只保留亮度信息。只有处于灰度模式或多通道模式下的图像才能转换为位图模式。将图像转换为灰度模式后，选择【图像】【模式】【位图】命令，打开"位图"对话框，在其中进行相应的设置，然后单击 确定 按钮，即可转换为位图模式。

2．灰度模式

在灰度模式的图像中，每个像素都有一个0（黑色）～255（白色）的亮度值。将彩色图像转换为灰度模式后，图像中的色相及饱和度等相关色彩的信息会消失，只留下亮度信息。

3．双色调模式

双色调模式是用灰度油墨或彩色油墨来渲染灰度图像的模式，可创建由双色调、三色调、四色调混合色组成的图像。转换为该模式后，最多可向灰度图像中添加4种颜色。

4．索引模式

索引模式是系统预先定义的含有256种典型颜色的颜色对照表模式。将图像转换为索引模式后，系统会将图像的所有颜色映射到颜色对照表中，构成该图像的具体颜色的索引值将被装载，并根据颜色对照表找到最终的颜色值。

5．RGB颜色模式

RGB颜色模式也称真彩色模式，由红、绿、蓝3种颜色（又称RGB三基色）按不同的比例混合而成，是Photoshop默认的模式，也是最为常见的颜色模式之一。

🔔 **提示**

在Photoshop中，除非有特殊要求使用某种颜色模式，否则一般都采用RGB颜色模式。在该模式下可使用Photoshop中的所有工具和命令，其他颜色模式则会受到一定的限制。

6．CMYK颜色模式

CMYK颜色模式是印刷时使用的颜色模式，由Cyan(青)、Magenta(洋红)、Yellow(黄)、Black(黑)4种颜色组成。为了避免和RGB三基色中的Blue（蓝色）发生混淆，其中的黑色用K来表示。若在RGB颜色模式下制作的图像需要印刷，则必须转换为CMYK颜色模式。

7．Lab颜色模式

Lab颜色模式由国际照明委员会发布，是用一个亮度分量和两个颜色分量来表示颜色的模式，由RGB三基色转换而来。其中，L分量表示图像的亮度；a分量表示由绿色到红色的光谱变化；b分量表示由蓝色到黄色的光谱变化。

8．多通道模式

多通道模式图像包含了多种灰阶通道。将图像转换为多通道模式后，系统将根据原图像产生相同数目的新通道，每个通道均由256级灰阶组成，常用于特殊打印。

1.1.4 图像文件格式

在Photoshop中，应根据需要选择合适的文件格式保存作品。Photoshop支持多种文件格式，下面对一些常见的图像文件格式进行介绍。

● PSD（*.psd）格式：PSD格式是Photoshop自身生成的文件格式，也是唯一支持全部图像颜色模式的格式。以PSD格式保存的图像可以包含图层、通道、颜色模式等信息。
● TIFF（*.tif、*.tiff）格式：TIFF格式是一种无损压缩格式，主要用于应用程序之间或计算机平台之间进行图像的数据交换，也可以在多种图像软件之间转换。TIFF 格式支持带 Alpha 通道的 CMYK、RGB 和灰度文件，支持不带 Alpha 通道的 Lab、索引颜色、位图文件。另外，它还支持 LZW 压缩文件。

- BMP（*.bmp）格式：BMP 格式是 Windows 操作系统中的标准图像文件格式，在该环境中运行的图形图像软件都支持 BMP 图像格式。
- JPEG（*.jpg）格式：JPEG 格式是一种有损压缩格式，支持真彩色，生成的文件较小，是常用的图像格式。JPEG 格式支持 CMYK、RGB、灰度颜色模式，但不支持 Alpha 通道。在生成 JPEG 格式的文件时，可以设置压缩类型来产生不同大小和质量的文件。压缩率越大，图像文件就越小，图像质量也就越差。
- GIF（*.gif）格式：GIF 格式的文件是 8 位图像文件，最多为 256 色，不支持 Alpha 通道。GIF 格式的文件较小，常用于网络传输，在网页上见到的图像大多是 GIF 格式和 JPEG 格式。GIF 格式与 JPEG 格式相比，其优势在于 GIF 格式的文件可以保存动画效果。
- PNG（*.png）格式：PNG 格式主要用于替代 GIF 格式文件。PNG 格式可以使用无损压缩方式压缩文件，支持 24 位图像，产生的透明背景没有锯齿边缘，图像质量较好。
- EPS（*.eps）格式：EPS 格式可以包含矢量和位图图形，其最大的优点在于可以在排版软件中以低分辨率预览，而在打印时以高分辨率输出。EPS 格式支持裁切路径，支持 Photoshop 所有的颜色模式，可用于存储矢量图和位图。在存储位图时，还可以将图像的白色像素设置为透明效果。它在位图模式下也支持透明。
- PCX（*.pcx）格式：PCX 格式与 BMP 格式一样支持 1~24bit 的图像，并可以用 RLE 的压缩方式保存文件。PCX 格式还支持 RGB、索引颜色、灰度、位图颜色模式，但不支持 Alpha 通道。
- PDF（*.pdf）格式：PDF 格式是 Adobe 公司开发的用于 Windows、macOS、UNIX、DOS 系统的一种电子出版软件的文档格式，适用于不同平台。该格式文件可以存储多页信息，包含图形、文件的查找和导航功能，支持超文本链接，是在网络下载时经常使用的文件格式。
- PICT（*.pct）格式：PICT 格式被广泛应用于 Macintosh 图形和页面排版程序中，是作为应用程序间传递文件的中间格式。该格式支持带一个 Alpha 通道的 RGB 文件，以及不带 Alpha 通道的索引文件、灰度文件、位图文件。PICT 格式对于压缩具有大面积单色的图像非常有效。

图像文件的基本操作

设计人员在进行平面设计前，除了要掌握图像处理的基本概念，还要掌握图像文件的基本操作，这是进行平面设计的基础。

1.2.1　认识 Photoshop CS6 的工作界面

选择【开始】/【所有程序】/【Adobe Photoshop CS6】命令，启动 Photoshop CS6 后，将打开图 1-5 所示的工作界面，该界面主要由菜单栏、标题栏、工具箱、工具属性栏、面板组、图像窗口、状态栏组成。下面对 Photoshop CS6 工作界面的各组成部分进行详细讲解。

图1-5

1. 菜单栏

菜单栏由"文件""编辑""图像""图层""文字""选择""滤镜""3D""视图""窗口""帮助"11个菜单组成，每个菜单内置了多个命令。若命令右侧标有▶符号，表示该命令还包含子菜单；若某些命令呈灰色显示，则表示其没有被激活，或当前不可用。

2. 标题栏

标题栏左侧显示了Photoshop CS6的程序图标 和文件信息，如当前文件的名称、格式、显示比例、颜色模式、所属通道、图层状态。如果该文件未进行存储，则标题栏中以"未命名"加上连续的数字作为文件的名称。另外，在Photoshop CS6中打开多个图像文件时，可在标题栏用选项卡的方式排列显示，以便切换查看和使用文件。标题栏右侧的3个按钮分别用于对图像窗口进行最小化 、最大化／还原 、关闭 操作。

3. 工具箱

工具箱中集合了图像处理过程中使用最频繁的工具，可用于绘制图像、修饰图像、创建选区、调整图像显示比例等。工具箱默认位于工作界面左侧，拖曳工具箱顶部，可将工具箱拖曳到界面中的其他位置。

单击工具箱顶部的折叠按钮 ，可以将工具箱中的工具以双列方式排列。单击工具箱中的图标工具按钮，即可选择该工具。工具按钮右下角若有黑色小三角形，则表示该工具位于一个工具组中，其下还包含隐藏的工具。在该工具按钮上按住鼠标左键不放或单击鼠标右键，可显示该工具组中隐藏的工具。

4. 工具属性栏

工具属性栏用于对当前所选工具进行参数设置，默认位于菜单栏下方。选择工具箱中的某个工具后，工具属性栏将显示该工具的属性设置。

5. 面板组

Photoshop CS6中的面板默认显示在工作界面右侧，用于进行选择颜色、编辑图层、新建通道、编辑路径、撤销编辑等操作。选择【窗口】/【工作区】/【基本功能（默认）】命令，将打开图1-6所示的面板组合。单击面板右上角的灰色箭头 ，面板将以面板名称的缩览图方式显示，如图1-7所示。再次单击灰色箭头 ，可以展开该面板组。单击某个面板的名称，可显示该面板中的内容，如图1-8所示。

图1-6

图1-7

图1-8

6．图像窗口

　　图像窗口又称图像编辑区，是对图像进行浏览和编辑操作的主要场所。所有的图像处理操作几乎都在图像窗口中进行。

7．状态栏

　　状态栏位于图像窗口底部，最左端显示当前图像窗口的显示比例，在其中输入数值并按【Enter】键可改变图像的显示比例，中间显示当前图像文件的大小。

1.2.2　新建图像文件

　　在开始设计前，通常需要先新建图像，其方法是：选择【文件】/【新建】命令，打开"新建"对话框，如图1-9所示。在其中可设置图像名称、宽度、高度和分辨率等信息，单击 确定 按钮即可新建一个图像文件。

- 名称：用于设置新建文件的名称，默认文件名为"未标题-1"。
- 预设：用于设置新建文件的规格，在其中可选择Photoshop CS6预设的几种图像规格。
- 大小：用于在选择"预设"后，设置更规范的图像尺寸。
- 宽度/高度：用于设置图像的具体宽度和高度，在其右边的下拉列表中可选择图像宽度和高度的单位。
- 分辨率：用于设置新建图像文件的分辨率，在其右边的

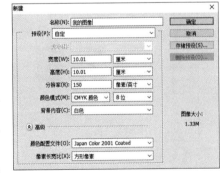
图1-9

下拉列表中可选择分辨率的单位。

- 颜色模式：用于设置图像的颜色模式，包括位图、灰度、RGB颜色、CMYK颜色和Lab颜色。
- 背景内容：用于选择新建图像文件的背景内容，包括白色、背景色和透明。
- 高级：单击 ◎ 按钮，在"新建"对话框底部会显示"颜色配置文件"和"像素长宽比"两个下拉列表，"颜色配置文件"可以指定用于色彩管理的颜色配置文件，"像素长宽比"用于设置新文档的像素长宽比。

- ● 存储预设(S)... 按钮：单击该按钮，将打开"新建文档预设"对话框，在其中可设置新建预设的名称，将按照当前设置的文件大小、分辨率、颜色模式等参数创建一个新的预设。存储的预设将自动保存在"预设"下拉列表中。
- ● 删除预设(D)... ：选择自定义的预设后，单击该按钮可删除所选预设。

1.2.3 打开图像文件

在 Photoshop 中编辑一个图像文件，如拍摄的照片或素材等，需要先将其打开。图像文件的打开方法主要有以下几种。

1. 使用"打开"命令

在 Photoshop CS6 工作界面中选择【文件】/【打开】命令，或按【Ctrl+O】组合键，打开图1-10所示的"打开"对话框，在其中选择需要打开的图像文件，单击 打开(0) 按钮。如果在"打开"对话框中找不到文件，则一般有两种情况：一是 Photoshop 不支持这种文件格式，所以不会显示该文件；二是受到"文件类型"下拉列表中当前选项的限制，只能选择对应的文件格式，或选择"所有格式"选项，查看更多格式的文件。

2. 使用"打开为"命令

若图像文件的扩展名与其实际格式不匹配，就无法直接使用"打开"命令打开这类文件，此时可选择【文件】/【打开为】命令，打开"打开为"对话框，再在"打开为"下拉列表中选择正确的扩展名，然后单击 打开(0) 按钮。

3. 打开最近使用过的文件

选择【文件】/【最近打开文件】命令，在弹出的子菜单中可选择最近打开的文件，如图1-11所示。选择其中的一个文件，即可将其打开。若要清除该列表，可选择菜单底部的"清除最近的文件列表"命令。

图1-10

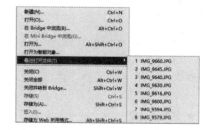

图1-11

4. 拖曳图像文件启动程序

在没有启动 Photoshop 的情况下，将一个图像文件直接拖曳到 Photoshop 应用程序的图标上，可直接启动程序并打开图像文件。

5. 使用"在Bridge中浏览"命令

如果一些特殊格式的文件在"打开"对话框中无法显示，就可以使用 Bridge 来浏览和打开。选择【文件】/【在 Bridge 中浏览】命令，可以启动 Bridge，在 Bridge 中选择一个文件并双击，即可在 Photoshop 中打开该文件。

1.2.4 保存和关闭图像文件

在 Photoshop 中创建或编辑图像文件后，需要随时保存，以避免因断电或程序出错带来的损失。如果不需要查看和编辑图像文件，则可以将其关闭。

1. 保存图像文件

选择【文件】/【存储】命令，打开"存储为"对话框。在"保存在"下拉列表中选择存储文件的位置，在"文件名"文本框中输入存储文件的名称，在"格式"下拉列表中选择存储文件的格式，然后单击 保存(S) 按钮，即可保存图像文件，如图 1-12 所示。

2. 关闭图像文件

关闭图像文件的方法有 3 种：一是单击图像窗口标题栏最右端的"关闭"按钮 ✕；二是选择【文件】/【关闭】命令或按【Ctrl+W】组合键；三是按【Ctrl+F4】组合键。

图 1-12

1.2.5 导入和导出图像文件

在 Photoshop 中，"导入"命令有非常强大的功能，使用它可以对图像进行扫描，还可以导入视频文件进行处理。其中最为常用的就是图像的扫描功能，首先确定计算机已经连接好扫描仪，然后选择【文件】/【导入】命令，在弹出的子菜单中选择所安装的扫描仪，即可扫描图像。

"导出"命令能够将路径保存并导入矢量软件中，如 CorelDRAW、Illustrator；同时，还能将视频导出到相应的视频软件中进行编辑。

1.2.6 打印图像文件

图像处理完成后，便可进行打印输出。选择【文件】/【打印】命令，在打开的"Photoshop 打印设置"对话框的左侧可查看打印效果，单击"打印"按钮，便可完成打印操作。

辅助工具的使用

Photoshop CS6 提供了多个辅助设计人员处理图像的工具，这些工具大多位于"视图"菜单中，它们无法编辑图像内容，仅用于测量或定位图像，使图像处理更精确，从而提高工作效率。

1.3.1 使用标尺

选择【视图】/【标尺】命令或按【Ctrl+R】组合键，即可在打开的图像文件左侧和顶部显示或隐藏标尺，如图 1-13 所示。通过标尺可查看图像的宽度和高度。

标尺 X 轴和 Y 轴的 0 点坐标（即标尺原点位置）在左上角，在标尺左上角相交处按住鼠标左键不放，此时鼠标指针变为"＋"形状，拖曳到图像中的任一位置，如图 1-14 所示。释放鼠标左键，此时拖曳到的目标位置即为标尺的 X 轴和 Y 轴的 0 点相交处。

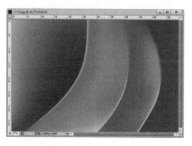

图 1-13

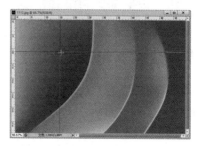

图 1-14

🔔 **提示**

改变标尺原点的位置后，如果想要恢复默认的原点位置，则在窗口左上方双击鼠标左键；如果想要改变标尺的测量单位，则双击标尺，在打开的"首选项"对话框中进行设置。

1.3.2 使用网格

在图像处理中，设置网格线可以让图像处理更精准。选择【视图】/【显示】/【网格】命令或按【Ctrl+'】组合键，可以在图像窗口中显示或隐藏网格线，如图 1-15 所示。

按【Ctrl+K】组合键打开"首选项"对话框，在左侧单击"参考线、网格和切片"选项卡，然后在右侧的"网格"栏中设置网格的颜色、样式、网格线间距、子网格数量等，如图 1-16 所示。

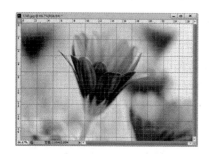

图 1-15

图 1-16

1.3.3 使用参考线与智能参考线

绘制图像时，参考线的辅助可以让绘制的图像更加精确，且添加的参考线不会和图像一起被输出。下面对参考线的常用方法进行介绍。

1. 创建参考线

显示标尺后，将鼠标指针移动到水平标尺上，向下拖曳鼠标可创建一条绿色的水平参考线，将鼠标指针移动到垂直标尺上，向右拖曳鼠标可创建一条垂直参考线，如图 1-17 所示。若想创建比较精确的参考线，则选择【视图】/【新建参考线】命令，打开"新建参考线"对话框，如图 1-18 所示。在"取向"栏中选择创建水平或垂直参考线，在"位置"数值框中设置参考线的位置，单击 确定 按钮即可在相应位置创建一条参考线。

图1-17

图1-18

2．智能参考线

智能参考线是一种智能化的参考线，选择【视图】/【显示】/【智能参考线】命令，可以启用智能参考线。在移动图像时，可通过智能参考线对齐形状、切片和选区。图1-19所示为移动右侧爱心图形时显示的自动对齐智能参考线。

3．智能对齐

智能对齐功能有助于精确放置选区、切片、形状、路径，以及裁剪图像。选择【视图】/【对齐】命令，使该命令处于勾选状态，然后在【视图】/【对齐到】命令的子菜单中选择一个对齐项，勾选状态表示启用了该项目，如图1-20所示。

图1-19

图1-20

1.3.4 使用缩放工具

使用"缩放工具" 🔍 可以控制图像的显示大小，以便更加准确地查看图像细节，其方法是：选择"缩放工具" 🔍，将鼠标指针移动到图像上，如图1-21所示。当鼠标指针变为 🔍 形状时，单击鼠标左键即可放大图像，如图1-22所示。

图1-21

图1-22

1.3.5 使用抓手工具

选择"抓手工具" ，然后在图像中单击并拖曳鼠标可移动图像的显示区域。图 1-23 所示为向左拖曳的效果；图 1-24 所示为向右拖曳的效果。

图 1-23 图 1-24

1.4
综合实训

1.4.1 创建合适的工作区

不同设计人员对 Photoshop 中各面板组成和位置的需求不同，如影楼修图师的常用面板和工具与平面设计师就会有些区别，因此设计人员可以创建适合自己的工作区。表 1-1 所示为一个影楼修图师创建合适的工作区的任务单，任务单给出了明确的实训背景和制作要求。

表 1-1 创建合适的工作区的任务单

实训背景	小陈是一名婚纱影楼后期修图师，将照片导入计算机后，常常需要为照片调整颜色和处理瑕疵，因此在工作界面中需要使用较多与调色和修图相关的工作面板。此外，将常用的面板组合在一起，更有利于提高工作效率
制作要求	1. 分析需求 通过分析修图师的工作需求，确认需要修图和调色的面板，如"色板""直方图""调整"等面板 2. 组合面板 查看预设的"摄影"工作区是否符合需求，然后根据需求增加和关闭相应的面板。结合本章所学的自定工作区操作，拆分或合并相应的面板，适当调整面板的位置

本实训的操作提示如下。

STEP 01 启动 Photoshop CS6，选择【窗口】/【工作区】/【摄影】命令，切换到摄影工作界面，如图 1-25 所示。

STEP 02 关闭"导航器"面板，选择【窗口】/【色板】命令，打开"色板"面板，

视频教学：
创建合适的
工作区

将其拖曳到"直方图"面板组中，当该面板中出现一条蓝色线条时释放鼠标，合并"色板"面板与"直方图"面板，如图1-26所示。

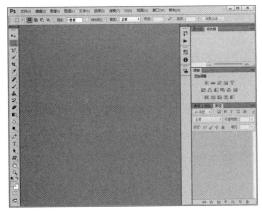

图1-25

图1-26

STEP 03 单击面板左侧的"属性"按钮，展开"属性"面板组，然后将鼠标指针移至"属性"面板名称上，按住鼠标左键不放向外拖曳"属性"面板，将其拖离原来的面板组，如图1-27所示。

STEP 04 拖曳"属性"面板到"调整"面板组的灰色矩形条中，合并"属性"面板与"调整"面板，得到自己所需的工作区，如图1-28所示。

STEP 05 选择【窗口】/【工作区】/【新建工作区】命令，在打开的"新建工作区"对话框中输入名称"摄影修图"，单击 存储 按钮即可将其存储为自己今后使用的工作区。

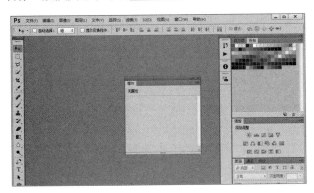

图1-27

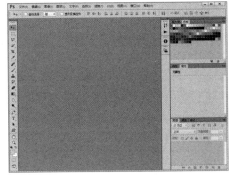

图1-28

1.4.2 新建"员工名片"文件

某企业在员工新入职时都会为其设计与制作名片，因为名片作为一个重要的自我介绍辅助工具，可以让员工在初次与客户见面时，向对方表明身份，并节省时间、强化印象。表1-2所示为新建"员工名片"文件的任务单，任务单给出了明确的实训背景、制作要求等。

表1-2 新建"员工名片"文件的任务单

实训背景	为了更好地让员工为公司服务，公司为员工提供了名片设计和制作服务，让员工在与客户初次见面交流时增加可信度

续表

尺寸要求	90毫米 ×55毫米
数量要求	1个文件
制作要求	1. 尺寸需求 在创建图像文件时要注意名片的尺寸，常见的名片尺寸为90毫米 ×55毫米 2. 印刷要求 因为要进行印刷，因此应设置分辨率为300像素、颜色模式为"CMYK模式"。为保护边缘图像，周边分别设置3毫米出血线
参考效果	
效果位置	配套资源 :\效果文件 \第1章 \综合实训 \员工名片 .psd

本实训的操作提示如下。

STEP 01 启动 Photoshop CS6，选择【文件】/【新建】命令或按【Ctrl+N】组合键打开"新建"对话框。在"名称"文本框中输入"员工名片"，在"宽度"右侧的下拉列表中选择"毫米"选项，在"宽度"文本框中输入"96"，在"高度"文本框中输入"61"，在"分辨率"文本框中输入"300"，如图1-29所示。

STEP 02 在"颜色模式"下拉列表中选择"CMYK颜色"选项，单击 确定 按钮。

STEP 03 选择【视图】/【新建参考线】命令，通过"新建参考线"对话框分别创建水平和垂直参考线，并分别设置出血线为3毫米，如图1-30所示。最后保存图像文件。

视频教学：
新建员工名片
文件

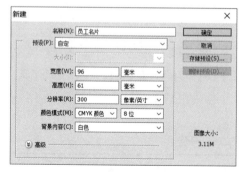

图1-29

图1-30

课后练习

练习 1 转换图像文件格式

【制作要求】某饮料店制作好一幅饮品海报，为便于进行网络上传展示，要求将源格式为 .psd 的图像文件转换为 JPG 格式。

【操作提示】打开制作好的 PSD 格式图像文件，通过另存图像的方式转换图像文件格式。参考效果如图 1-31 所示。

【素材位置】配套资源 :\ 素材文件 \ 第 1 章 \ 课后练习 \ 饮料海报 .psd

【效果位置】配套资源 :\ 效果文件 \ 第 1 章 \ 课后练习 \ 饮料图 .jpg

练习 2 为图像添加参考线

【制作要求】为"花店广告"图像添加参考线，要求图像的四周参考线与画面边缘的距离为 1 厘米。

【操作提示】按【Ctrl+R】组合键显示标尺，再选择【视图】/【新建参考线】命令，打开"新建参考线"对话框，通过多次操作分别创建水平和垂直参考线。参考效果如图 1-32 所示。

【效果位置】配套资源 :\ 效果文件 \ 第 1 章 \ 课后练习 \ 花店广告 .psd

图 1-31

图 1-32

第 **2** 章 图像编辑基本操作

在平面设计中，经常会用到各种图像编辑操作，以便获得需要的图像素材及效果。Photoshop 提供了强大的图像编辑功能，包括调整图像文件大小、查看图像、填充与描边图像，以及移动、变换、缩放、复制和粘贴图像等编辑操作。通过这些操作，读者能够更好地对图像进行编辑与创作，从而设计出符合要求的平面设计作品。

▎口学习要点

◎ 能够调整图像和画布大小。
◎ 能够通过工具和命令填充颜色。
◎ 能够变换图像。
◎ 能够使用渐变工具填充图像。

▎✧素养目标

◎ 培养对色彩的认知能力和审美能力。
◎ 培养丰富的想象力。

▎◈扫码阅读

案例欣赏

课前预习

2.1 图像基本操作

在使用 Photoshop 处理图像之前，需要先掌握图像基本编辑操作，包括图像尺寸和画布尺寸的设置，以及图像的旋转、查看和裁剪等操作。

2.1.1　课堂案例——修改网店海报尺寸

【制作要求】为一家网店调整首页海报图片大小，要求宽度为 950 像素、高度为 472 像素（根据效果图展示需求可以做部分调整），然后将调整好的图片应用到效果图中展示。

【操作要点】查看原图像大小，打开"图像大小"和"画布大小"对话框，根据要求设置尺寸。参考效果如图 2-1 所示。

【素材位置】配套资源 :\素材文件\第 2 章\课堂案例\活动海报 .jpg、电脑 .psd

【效果位置】配套资源 :\效果文件\第 2 章\课堂案例\修改网店海报尺寸 .psd、修改网店海报尺寸 .jpg

平面设计效果

实际应用效果

图2-1

本案例具体操作如下。

STEP 01 打开"活动海报 .jpg"图像，观察状态栏可以看到当前图像大小为 25.8MB（缩写为 M），如图 2-2 所示。

STEP 02 选择【图像】/【图像大小】命令，打开"图像大小"对话框，勾选"缩放样式""约束比例""重定图像像素"复选框，然后在"像素大小"栏中设置宽度为"950 像素"，其他参数将随之发生变化，如图 2-3 所示。

STEP 03 单击 确定 按钮得到缩小后的图像效果，此时通过状态栏可以发现，由于图像尺寸的减小，文件大小也减小至 1.46M，如图 2-4 所示。

STEP 04 选择【图像】/【画布大小】命令，打开"画布大小"对话框，设置高度为"8 厘米"，再选择定位点为上方中间，如图 2-5 所示。

视频教学：
修改网店海报
尺寸

17

图2-2

图2-3

图2-4

图2-5

STEP 05 单击 `确定` 按钮，弹出一个提示对话框，单击 `继续(P)` 按钮，得到调整高度后的图像效果，如图2-6所示。

STEP 06 打开"电脑.psd"图像，使用"移动工具" 将调整后的"活动海报"拖曳到"电脑"图像中，按【Ctrl+T】组合键调整图像大小，效果如图2-7所示。后期应用时，可由工作人员上传至网站进行更新。

图2-6

图2-7

2.1.2 调整图像大小

图像大小由宽度、高度、分辨率决定。新建文件时，"新建"对话框右下角会显示当前新建的文件大小。新建完成后，如果需要改变其大小，则可以选择【图像】/【图像大小】命令，打开图2-8所示的对话框进行设置。

"图像大小"对话框中各选项的含义如下。

- 像素大小：可以在数值框中输入像素值来改变图像大小。
- 文档大小：可以在数值框中输入宽度和高度的数值来改变文档的尺寸大小，图像清晰度不变。
- 分辨率：可以在数值框中输入分辨率来改变图像大小。

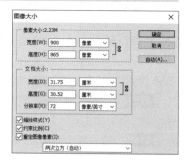

图2-8

- 缩放样式：勾选该复选框，可以保证图像中的各种样式（如图层样式等）按比例缩放。勾选"约束比例"复选框后，"缩放样式"复选框才会被激活。
- 约束比例：勾选该复选框，在"宽度"和"高度"数值框后面将出现"链接"标识 ⃛，表示改变其中一项设置时，另一项也将按相同比例改变。
- 重定图像像素：勾选该复选框，可以重新调整像素的大小。

图 2-9 所示为将图像宽度和高度值调小前后的对比效果。

图2-9

2.1.3　调整画布大小

画布大小是指图像的工作区域大小。使用"画布大小"命令可以精确地设置图像画布的尺寸大小。选择【图像】/【画布大小】命令，打开"画布大小"对话框，如图 2-10 所示。

"画布大小"对话框中各选项的含义如下。

- 当前大小：用于显示当前图像画布的实际大小。
- 新建大小：用于设置调整后图像的"宽度"和"高度"，默认为当前大小。如果设置的"宽度"和"高度"大于图像的尺寸，则 Photoshop 会在原图像的基础上增大画布面积；反之，则减小画布面积。

图2-10

- 相对：勾选该复选框，"新建大小"栏中的"宽度"和"高度"是在原画布的基础上增大或减小的尺寸（而非调整后的画布尺寸），正值表示增大尺寸，负值表示减小尺寸。
- 定位：单击不同的方格，可指示当前图像在新画布上的位置。如扩大画布后，单击左上角的方块，画布即朝右下角扩大，如图 2-11 所示。效果如图 2-12 所示。

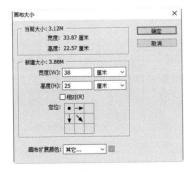

图2-11

图2-12

> 🔔 **提示**
>
> 　　需要注意的是，在 Photoshop 中调整图像大小可以调整图像的像素大小和尺寸大小，而调整画布大小会影响图像工作区域的大小，调整的是图像和空白区域的宽度和高度。

2.1.4　旋转图像

　　旋转图像是指调整图像的方向。打开一张需要旋转的图像，如图 2-13 所示。选择【图像】/【图像旋转】命令，在弹出的子菜单中选择相应命令即可旋转图像，如图 2-14 所示。

图2-13　　　　　　　　　　　　　　　　　　图2-14

子菜单中各旋转命令的作用如下。

- 180 度：选择该命令可将整个图像旋转 180°，如图 2-15 所示。
- 90 度（顺时针）：选择该命令可将整个图像顺时针旋转 90°，如图 2-16 所示。
- 90 度（逆时针）：选择该命令可将整个图像逆时针旋转 90°，如图 2-17 所示。

图2-15　　　　　　　　　　图2-16　　　　　　　　　　图2-17

- 任意角度：选择该命令，将打开图 2-18 所示的"旋转画布"对话框。在"角度"文本框中输入想要旋转的角度，范围在 -359.99°～359.99°，旋转方向由"度（顺时针）"和"度（逆时针）"单选项决定。

图2-18

- 水平翻转画布：选择该命令可水平翻转画布，如图 2-19 所示。
- 垂直翻转画布：选择该命令可垂直翻转画布，如图 2-20 所示。

图2-19

图2-20

> **提示**
>
> 　　当在文档中置入较大的文件，或使用移动工具将一张较大的图像拖入较小的文档中时，由于画布较小，无法完全显示出图像，可选择【图像】/【显示全部】命令，Photoshop CS6 将自动扩大画布，显示全部图像。

2.1.5　课堂案例——裁切多余的图像画面

【制作要求】调整商家提供的直通车广告图，使其符合平台上传要求的直通车图像尺寸（800 像素 ×800 像素）。

【操作要点】查看原图像大小，并根据要求通过裁剪工具裁掉多余的图像。参考效果如图 2-21 所示。

【素材位置】配套资源 :\ 素材文件 \ 第 2 章 \ 课堂案例 \ 直通车广告图 .jpg

【效果位置】配套资源 :\ 效果文件 \ 第 2 章 \ 课堂案例 \ 裁剪多余的广告画面 .psd

本案例具体操作如下。

视频教学:
裁切多余的图像
画面

STEP 01 打开"直通车广告图 .jpg"图像，如图 2-22 所示。观察图像发现两侧有多余的部分，可将其裁掉，使图像尺寸符合直通车广告图的要求。

STEP 02 选择"裁剪工具" 🔲，可以看到画面中出现裁剪框，先手动裁剪，使用鼠标向右拖曳裁剪框左边的控制点，然后向左拖曳右边的控制点，如图 2-23 所示。

图2-21

图2-22

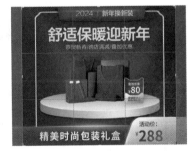

图2-23

STEP 03 按【Enter】键，即可裁剪掉两边多余的图像，如图 2-24 所示 。

STEP 04 为了使图像大小更加规范，符合设计需求，可以在工具属性栏中设置具体参数。这里设置宽度和高度为"800 像素 ×800 像素"，如图 2-25 所示。

STEP 05 在裁剪框内按住鼠标左键适当移动图像，使得左右画面边缘一致，然后按【Enter】键，得到裁剪后的图像，最后保存图像。

图2-24

图2-25

行业知识

直通车是一种商家通过付费在想要的位置推广商品的营销工具。直通车广告图的设计和内容一定要足够吸引消费者，才能让消费者点击直通车广告图，从而提高商品的浏览量和消费者的购买率。淘宝网中的直通车广告图通常显示为正方形，尺寸为800像素×800像素。

2.1.6　裁剪图像

对于多余的画面，可以通过裁剪方式删除。在裁剪过程中，还可对图像进行旋转操作，使裁剪后的图像效果更符合需求。裁剪图像可使用"裁剪工具" 及"裁切"命令来完成。

1. 使用"裁剪工具"

当图像画面过于杂乱时，可以将图像中多余、杂乱的图像通过裁剪的方式删除。裁剪图像的常用方法为：选择"裁剪工具" ，按住鼠标左键在图像中绘制裁剪框，按【Enter】键确定裁剪。"裁剪工具" 的工具属性栏如图2-26所示。

图2-26

该工具属性栏中各选项的作用如下。

- 约束比例 比例 ：用于设置裁剪约束比例，也可在右侧的 数值框中输入自定义的约束比例数值。
- 拉直：单击 按钮，可在图像上绘制一条直线拉直图像。
- 清除：单击 按钮，可以清除所有设置，从而自由地绘制裁剪框。
- 视图 ：用于设置裁剪图像时出现的参考线方式。
- 设置其他裁剪选项 ：单击 按钮，可对裁剪拼布颜色、透明度等参数进行设置。
- 删除裁剪的像素：取消勾选该复选框，将保留裁剪框外的像素数据，而只将裁剪框外的图像隐藏。

🔔 **提示**

选择"裁剪工具"[❎]，将鼠标指针移动到裁剪框外，当鼠标指针变成↖形状时，单击并拖曳鼠标可以旋转裁剪框，从而实现在裁剪图像的同时旋转图像。

2. 使用"裁切"命令

"裁切"命令主要是通过裁切像素颜色的方法来裁剪图像。选择【图像】/【裁切】命令，将打开图 2-27 所示的"裁切"对话框。

"裁切"对话框中各选项的作用如下。

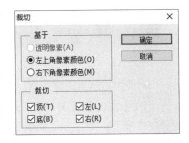

图2-27

- 透明像素：该单选项只有图像中存在透明区域时才能使用。单击选中该单选项，可以将图像边缘的透明区域裁切掉。
- 左上角像素颜色：单击选中该单选项，将从图像中删除左上角的像素颜色区域。
- 右下角像素颜色：单击选中该单选项，将从图像中删除右下角的像素颜色区域。
- 顶 / 底 / 左 / 右：用于确定图像裁切区域的位置。

2.1.7 查看图像

查看图像可以更好地观察画面内容，以及对细节部分进行操作。查看图像主要可使用缩放工具查看、使用抓手工具查看、使用导航器查看等。

1. 使用缩放工具查看

选择"缩放工具"[🔍]，其工具属性栏如图 2-28 所示。将鼠标指针移至图像上需要放大的位置单击即可放大图像，按住【Alt】键单击即可缩小图像。

图2-28

该工具属性栏中各功能的介绍如下。

- 放大按钮[🔍]和缩小按钮[🔍]：单击[🔍]按钮后，单击图像可放大；单击[🔍]按钮后，单击图像可缩小。
- 调整窗口大小以满屏显示：可在缩放窗口的同时自动调整窗口的大小，使图像满屏显示。
- 缩放所有窗口：可同时缩放所有打开的文档窗口。
- 细微缩放：勾选该复选框，在图像中单击鼠标左键并向左或向右拖曳，可以平滑地快速放大或缩小窗口。
- [100%]：单击该按钮，图像将以实际像素的比例（1：1）显示。
- [适合屏幕]：单击该按钮，可在窗口中最大化显示完整的图像。双击"抓手工具"[✋]也可达到同样的效果。
- [填充屏幕]：单击该按钮，可在整个屏幕范围内最大化显示图像。

2. 使用抓手工具查看

"抓手工具"[✋]可以在图像窗口中移动图像。使用工具箱中的"缩放工具"[🔍]放大图像，如图 2-29 所示。选择"抓手工具"[✋]，在放大的图像窗口中按住鼠标左键并拖曳鼠标，可以随意查看图像，如图 2-30 所示。

图2-29

图2-30

3. 使用导航器查看

选择【窗口】/【导航器】命令，打开"导航器"面板，其中显示了当前图像的预览效果。按住鼠标左键左右拖曳"导航器"面板底部滑动条上的滑块，可缩小与放大图像显示比例。在滑动条左侧的数值框中输入数值，可直接按设置的比例显示图像。

当图像放大超过100%时，"导航器"面板中的图像预览区会显示一个红色的矩形线框，如图2-31所示。这表示当前视图中只能观察到矩形线框内的图像。将鼠标指针移动到预览区，此时鼠标指针变成🖐形状，按住鼠标左键拖曳，可调整图像的显示区域，如图2-32所示。

图2-31

图2-32

填充图像颜色

在Photoshop中，为图像填充颜色有多种方法，一般可以通过设置前景色和背景色，以及拾色器、"颜色"面板、吸管工具等填充图像颜色。

2.2.1 课堂案例——制作科技网站首页

【制作要求】为某电子技术公司设计一个尺寸为"1920像素×1080像素"的网站首页，要求画面背景具有科技感，色彩明亮且具有视觉吸引力。

【操作要点】绘制多个曲线造型的对象，使用渐变工具为其填充蓝色系渐变色，丰富画面层次感，同时带来视觉上的科技感。参考效果如图2-33所示。

【素材位置】配套资源 :\ 素材文件 \ 第 2 章 \ 课堂案例 \ 星球 .psd、亮点 .psd
【效果位置】配套资源 :\ 效果文件 \ 第 2 章 \ 课堂案例 \ 科技网站首页 .psd

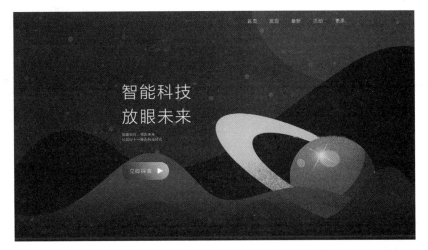

图2-33

本案例具体操作如下。

STEP 01 按【Ctrl+N】组合键，新建一个名称为"科技网站首页"、宽度和高度为"1920 像素 ×1080 像素"、分辨率为"72 像素 / 英寸"的文件。

STEP 02 选择"渐变工具" ，在工具属性栏中单击左侧的渐变色条 ，打开"渐变编辑器"对话框。

STEP 03 双击渐变色条左下方的色标，如图 2-34 所示。打开"拾色器（色标颜色）"对话框，设置颜色为"#2139bf"，单击 确定 按钮，完成第一个色标颜色的设置，如图 2-35 所示。

视频教学：
制作科技网站
首页

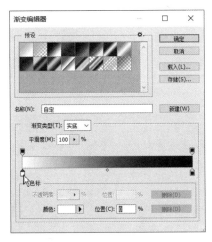

图2-34

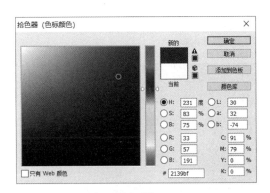

图2-35

STEP 04 选择右侧色标并双击，在打开的对话框中设置颜色为"#5219f7"，单击 确定 按钮，完成第二个色标的颜色设置，如图 2-36 所示。

STEP 05 单击工具属性栏中的"线性渐变"按钮 ，然后单击画面左下角，并按住鼠标左键向右上方拖曳，填充渐变颜色，如图 2-37 所示。

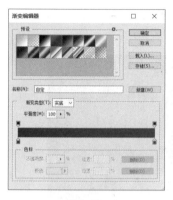

图2-36 图2-37

STEP 06 单击"图层"面板底部的"创建新图层"按钮 ，新建一个图层。选择"椭圆选框工具" ，按住【Shift】键的同时拖曳鼠标在画面中绘制一个圆形选区，如图 2-38 所示。

STEP 07 单击工具箱底部的"前景色"色块，打开"拾色器（前景色）"对话框，设置颜色为"#6e30f0"，如图 2-39 所示。

图2-38 图2-39

STEP 08 按【Alt+Delete】组合键为选区填充前景色，然后使用"移动工具" 将圆形向右上方移动，如图 2-40 所示。

STEP 09 选择"钢笔工具" ，在工具属性栏中选择工具模式为"路径"，在画面中绘制一条曲线路径，如图 2-41 所示。

图2-40 图2-41

STEP 10 新建图层，设置前景色为"#4526ed"，选择"铅笔工具" ，在工具属性栏中设置画笔大小为"7 像素"，单击"路径"面板底部的"用画笔描边"按钮 ，得到描边效果，如图 2-42 所示。

STEP 11 使用相同的方式，再绘制两条较大的曲线路径，并进行描边，效果如图 2-43 所示。

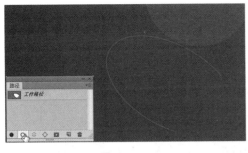

图2-42

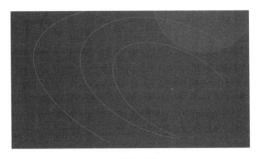

图2-43

STEP 12 使用"椭圆选框工具" 在画面中绘制多个较小的圆形选区，并分别填充紫色（#4b2bf0）和蓝色（#4d5cf3），如图2-44所示。

STEP 13 使用"钢笔工具" 在画面下部绘制一个曲线图形，按【Ctrl+Enter】组合键得到选区，设置前景色为"#0e1b9d"，使用"油漆桶工具" 在选区内单击填充前景色，如图2-45所示。

图2-44

图2-45

STEP 14 按【Ctrl+O】组合键，打开"星球.psd"素材文件，使用"移动工具" 将其拖曳到当前编辑的图像中，并放到画面右下角，如图2-46所示。

STEP 15 使用"钢笔工具" 在画面下部绘制一个曲线图形，如图2-47所示。

图2-46

图2-47

STEP 16 按【Ctrl+Enter】组合键将路径转换为选区，选择"渐变工具" ，打开"渐变编辑器"对话框，设置左侧下方的渐变色标颜色为"#2b6bcf"，再单击右侧上方的色标，在下方设置不透明度为"0"，如图2-48所示。

STEP 17 单击工具属性栏中的"线性渐变"按钮 ，在选区上方按住鼠标左键向下拖曳，进行线性渐变填充，如图2-49所示。

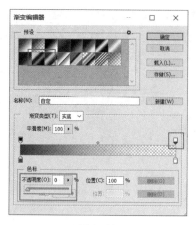

图2-48

图2-49

STEP 18 再绘制一个曲线图形，使用"渐变工具" 对其进行线性渐变填充，设置颜色为"#2137be ~ #270795"，填充效果如图 2-50 所示。

STEP 19 选择"横排文字工具" ，在画面中输入文字内容，在工具属性栏中设置字体为"方正兰亭刊黑简体"，填充白色，并适当调整文字大小，排列效果如图 2-51 所示。

图2-50

图2-51

STEP 20 选择"圆角矩形工具" ，在工具属性栏中选择工具模式为"路径"，设置半径为"50像素"，在左侧文字下方绘制一个圆角矩形，并将路径转换为选区，进行线性渐变填充，设置颜色为"#0b55ff ~ #5adaff"，如图 2-52 所示。

STEP 21 使用"多边形套索工具" 在圆角矩形中绘制一个三角形选区，填充白色，再输入文字，如图 2-53 所示。

STEP 22 打开"亮点 .psd"素材图像，使用"移动工具" 将其拖曳至网站首页右下角，如图 2-54 所示。最后保存文件。

图2-52

图2-53

图2-54

2.2.2　设置前景色和背景色

Photoshop 默认的背景色为白色（#ffffff）。在图像处理过程中，通常要对颜色进行处理。为了更快速地设置前景色和背景色，工具箱下方提供了用于设置颜色的"前景色"和"背景色"按钮，如图 2-55 所示。单击"切换前景色和背景色"按钮 ↰，可以使前景色和背景色互换；单击"默认前景色和背景色"按钮 ◨，能将前景色和背景色恢复为默认的黑色和白色。

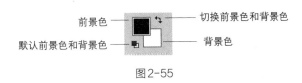

图2-55

> ⚠ **提示**
>
> 按【Alt + Delete】组合键可以填充前景色，按【Ctrl + Delete】组合键可以填充背景色，按【D】键可以恢复到默认的前景色和背景色。

2.2.3　使用"颜色"面板设置颜色

选择【窗口】/【颜色】命令或按【F6】键，可打开"颜色"面板。单击"前景色"或"背景色"按钮，拖曳右边的 R、G、B 3 个滑块，或直接在右侧的数值框中分别输入颜色值，可设置需要的前景色 / 背景色颜色，如图 2-56 所示。

2.2.4　使用"拾色器"对话框设置颜色

通过"拾色器"对话框，可以根据需要设置任意的前景色和背景色。单击工具箱下部的"前景色"或"背景色"按钮，可打开图 2-57 所示的"拾色器（前景色）"对话框。在对话框中拖曳颜色带上的三角滑块，可以改变左侧主颜色框中的颜色范围；在主颜色框中单击，可选择需要的颜色，吸取后的颜色值将显示在右侧对应的数值框中，设置完成后单击 确定 按钮。

图2-56

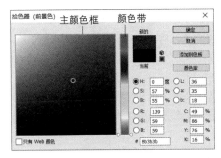

图2-57

2.2.5　使用吸管工具设置颜色

使用"吸管工具" ✐ 可以在图像中吸取样本颜色，并将吸取的颜色显示在前景色 / 背景色的色块中。选择"吸管工具"  ，在图像中单击，单击处的图像颜色将成为前景色，如图 2-58 所示。

选择【窗口】/【信息】命令，打开"信息"面板，在图像中移动鼠标指针，"信息"面板中会显示指针对应的像素点的色彩信息，如图 2-59 所示。

图 2-58   图 2-59

⌂ 提示

"信息"面板可用于显示当前位置的色彩信息，并根据当前使用的工具显示其他信息。选择工具箱中的任何一种工具后，在图像中移动鼠标指针，"信息"面板都会显示当前鼠标指针下的色彩信息。

2.2.6 使用油漆桶工具填充颜色

"油漆桶工具" 主要用于在图像中填充前景色或图案。如果创建了选区，则填充区域为该选区；如果没有创建选区，则填充与鼠标单击处颜色相近的封闭区域。在工具箱中用鼠标右键单击"渐变工具" ，可在打开的工具组中选择"油漆桶工具" ，其工具属性栏如图 2-60 所示。

图 2-60

该工具属性栏中各选项的介绍如下。

- 前景 ：用于设置填充内容，包括"前景色"和"图案"两种方式。
- 模式：用于设置填充内容的混合模式。若将"模式"设置为"颜色"，则填充颜色时不会破坏图像原有的阴影和细节。
- 不透明度：用于设置填充内容的不透明度。
- 容差：用于定义填充像素的颜色相似程度。低容差将填充与鼠标单击处像素颜色非常相似的像素；高容差则填充更大范围内的像素。
- 消除锯齿：勾选该复选框，将平滑填充选区的边缘。
- 连续的：勾选该复选框，将填充鼠标单击处相邻的像素；取消勾选该复选框，将填充图像中所有相似的像素。
- 所有图层：勾选该复选框，将填充所有可见图层；取消勾选该复选框，将填充当前图层。

在工具属性栏中选择"前景"填充方式，设置前景色后，将鼠标指针移到要填充的区域，当鼠标指针变成 形状时，单击鼠标左键可填充前景色，如图 2-61 所示。在工具属性栏中选择"图案"填充方式，设置图案后，将鼠标指针移到要填充的区域，当鼠标指针变成 形状时，单击鼠标左键可填充该图案，如图 2-62 所示。

图2-61

图2-62

2.2.7　使用渐变工具填充颜色

渐变是指两种或多种颜色之间的过渡效果。Photoshop 提供了线性、径向、角度、对称和菱形等渐变方式，对应的效果如图 2-63 所示。

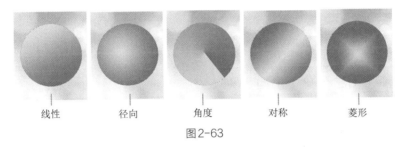

线性　　　　径向　　　　角度　　　　对称　　　　菱形

图2-63

选择"渐变工具" ，其工具属性栏如图 2-64 所示。

图2-64

该属性栏中各选项的含义如下。

- **渐变颜色色条** ：用于显示当前选择的渐变颜色。单击其右边的 按钮，将打开图 2-65 所示的下拉列表，其中罗列了 Photoshop 预设的渐变样式。
- **渐变样式**：用于设置绘制渐变的样式。单击"线性渐变"按钮 ，可创建以直线为起点和终点的渐变；单击"径向渐变"按钮 ，可创建从起点到终点的圆形渐变；单击"角度渐变"按钮 ，可创建围绕起点以逆时针方向旋转的渐变；单击"对称渐变"按钮 ，可创建匀称对称的线性渐变；单击"菱形渐变"按钮 ，可创建从起点到终点的菱形渐变。
- **模式**：用于设置渐变颜色的混合模式。
- **不透明度**：用于设置渐变颜色的不透明度。
- **反向**：勾选该复选框，将改变渐变颜色的渐变顺序。图 2-66 和图 2-67 所示分别为勾选该复选框和取消勾选该复选框的效果。

图2-65

图2-66

图2-67

● 仿色：勾选该复选框，可以使渐变颜色过渡得更加自然。

● 透明区域：勾选该复选框，可以创建包含透明像素的渐变。

Photoshop 提供了不同渐变样本，但不能完全满足绘图需求，设计人员可自行设置需要的渐变样本。在 Photoshop 中编辑样本，只能在"渐变编辑器"对话框中进行。选择"渐变工具" ，在其工具属性栏中单击渐变颜色色条，可打开图 2-68 所示的"渐变编辑器"对话框。

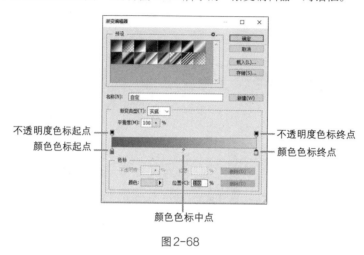

不透明度色标起点
颜色色标起点
不透明度色标终点
颜色色标终点
颜色色标中点

图 2-68

资源链接："渐变编辑器"对话框详解

🔔 提示

设置好渐变颜色和渐变模式等参数后，将鼠标指针移到图像窗口中适当的位置单击并按住鼠标左键不放，拖曳到另一位置后释放鼠标左键，即可进行渐变填充。拖曳的方向和长短不同，得到的渐变效果也不同。

编辑图像

在 Photoshop 中可结合多种工具和命令编辑图像，主要包括移动图像、变换图像、复制和粘贴图像、撤销与恢复图像等编辑操作。

2.3.1 课堂案例——制作咖啡杯贴纸效果

【制作要求】将一个咖啡贴纸图案粘贴到咖啡杯杯身上，要求贴纸能贴合杯身的圆弧状，具有正确的透视效果。

【操作要点】复制并移动对象到指定位置，通过变形操作，改变贴纸形状。参考效果如图 2-69 所示。

【素材位置】配套资源:\素材文件\第 2 章\课堂案例\图标文字 .psd、图标 .jpg、咖啡 .jpg

视频教学：制作咖啡杯贴纸效果

【**效果位置**】配套资源 :\ 效果文件 \ 第 2 章 \ 课堂案例 \ 咖啡杯贴纸 .psd

图2-69

本案例具体操作如下。

STEP 01 打开 "咖啡 .jpg" 图像, 如图 2-70 所示。

STEP 02 打开 "图标 .jpg" 图像, 使用 "魔棒工具" 单击背景图像, 然后按【Shift+Ctrl+I】组合键反选选区, 获取图标选区, 如图 2-71 所示。

图2-70　　　　　　　　　　　　　　　　图2-71

STEP 03 按【Ctrl+C】组合键复制选区内的图像, 切换到 "咖啡 .jpg" 图像文件中, 按【Ctrl+V】组合键粘贴图像, 如图 2-72 所示。

STEP 04 按【Ctrl+T】组合键进行自由变换, 将鼠标指针放到变换框右上角, 按住【Shift】键拖曳鼠标等比例缩小图像, 如图 2-73 所示。

图2-72　　　　　　　　　　　　　　　　图2-73

STEP 05 使用 "移动工具" 将图像拖曳到咖啡杯杯身上, 继续等比例缩小图像, 使其比杯身略小，效果如图 2-74 所示。

STEP 06 将鼠标指针放到变换框内，单击鼠标右键，在弹出的快捷菜单中选择"变形"命令，如图 2-75 所示。

图2-74

图2-75

STEP 07 此时图标中出现网格，使用鼠标单击并拖曳变换框上边缘网格线，改变图像形状，如图 2-76 所示。

STEP 08 选择下方左右两侧的控制点，并分别向上拖曳，调整出图 2-77 所示的效果。

图2-76

图2-77

STEP 09 选择上方两侧的控制点，分别调整控制杆方向，变形图标两侧的图像，效果如图 2-78 所示。完成后单击工具属性栏中的 ✔ 按钮确认变形。

STEP 10 在"图层"面板中设置该图层混合模式为"叠加"，如图 2-79 所示。

图2-78

图2-79

STEP 11 打开"图标文字 .psd"素材图像，使用"移动工具" ▶✦ 将文字所在图层拖曳到当前编辑的图像中，调整大小，并放到画面右侧，效果如图 2-80 所示。

STEP 12 选择"横排文字工具" T，在"时光咖啡"文字下方输入中英文文字，设置文字颜色为"#e5c592"，效果如图 2-81 所示。最后保存文件。

图2-80　　　　　　　　　　　　　　　图2-81

2.3.2　移动图像

使用"移动工具" 可移动图层或选区中的图像，还可将其他文档中的图像移动到当前文档中。下面介绍常见的3种移动图像的操作。

- **移动同一文档的图像**。在"图层"面板中选中需要移动的图像所在的图层，选择"移动工具" ，在图像编辑区单击鼠标左键并拖曳鼠标，即可移动该图层中的图像到其他位置，如图2-82所示。

图2-82

- **移动选区内的图像**。将鼠标指针移至选区内，按住鼠标左键不放并拖曳，即可移动选区中对象的位置，按住【Alt】键拖曳鼠标还可移动并复制图像，如图2-83所示。

图2-83

- **移动图像到不同文档中**。打开多个文档，选择"移动工具" ，将鼠标指针移至一个图像中，按住鼠标左键不放并将其拖曳到另一个文档的标题栏，切换到该文档，继续拖曳到该文档的图像编辑区再释放鼠标左键，即可将图像拖入该文档，如图2-84所示。

图2-84

2.3.3 自由变换图像

"自由变换"命令是一个非常实用的功能，它可以在一个连续的操作中进行旋转、缩放、斜切、扭曲、透视和变形，从而不再需要选择其他变换命令，大大提高工作效率。选择【编辑】/【自由变换】命令或按【Ctrl+T】组合键，可以使所选图层或选区内的图像进入自由变换状态。

当图像为选区状态时，对图像进行变换，偏离原图像位置将以背景色覆盖，如图 2-85 所示。如果只对图像进行变换操作，则移动和变换图像都不会改变下一层的图像状态。将鼠标指针移到变换框右上方，按住鼠标左键拖曳，可放大或缩小图像，如图 2-86 所示；按住【Ctrl】键拖曳变换框 4 个角可以对图像进行扭曲操作，如图 2-87 所示；按住【Ctrl】键拖曳变换框四边中间的控制点，可以对图像进行斜切操作，如图 2-88 所示。

| 图 2-85 | 图 2-86 | 图 2-87 | 图 2-88 |

🔔 **提示**

按住【Shift】键拖曳变换框 4 个角上的控制点，可以等比例放大或缩小图像，也可以反向拖曳使图像形成翻转变换。按住【Alt】键拖曳变换框 4 个角上的控制点，可以以中心对称的方式变换图像。

2.3.4 变换图像

选择【编辑】/【变换】命令，在弹出的子菜单中可选择多种变换命令，对图层、路径、矢量形状、所选图像进行变换，使图像产生缩放、旋转、斜切、扭曲与透视等效果。

选择变换命令时，图像周围会出现一个定界框，如图 2-89 所示。定界框中央有一个中心点，在变换时，图像以它为中心进行变换，拖曳它可调整图像位置；四周有 8 个控制点，可进行变换操作。

1. 缩放图像

选择【编辑】/【变换】/【缩放】命令，将鼠标指针移至定界框右下角的控制点上，当其变成↘形状时，按住鼠标左键不放并拖曳可放大或缩小图像。图 2-90 所示为缩小图像，在缩小图像的同时按住【Shift】键，可保持图像的宽高比不变。

| 图 2-89 | 图 2-90 |

2. 旋转与斜切图像

选择【编辑】/【变换】/【旋转】命令，将鼠标指针移至定界框的任意一角上，当其变为↰形状时，按住鼠标左键不放并拖曳可旋转图像，如图2-91所示。

选择【编辑】/【变换】/【斜切】命令，将鼠标指针移至定界框的任意一角上，当其变为▷形状时，按住鼠标左键不放并拖曳可斜切图像，如图2-92所示。

图2-91   图2-92

3. 扭曲与透视图像

在编辑图像时，为了增添景深效果，常需要对图像进行扭曲或透视操作。选择【编辑】/【变换】/【扭曲】命令，在打开的子菜单中选择"扭曲"命令，将鼠标指针移至定界框的任意一角上，当其变为▷形状时，按住鼠标左键不放并拖曳可扭曲图像，如图2-93所示。

选择【编辑】/【变换】/【透视】命令，将鼠标指针移至定界框的任意一角上，当其变为▷形状时，按住鼠标左键不放并拖曳可透视图像，如图2-94所示。

图2-93   图2-94

4. 变形与翻转图像

选择【编辑】/【变换】/【变形】命令，图像中将出现由9个调整方格组成的调整区域，在其中按住鼠标左键不放并拖曳可变形图像。拖曳每个控制点中的控制杆，还可以调整图像变形效果，如图2-95所示。

在图像编辑过程中，如需要使用对称翻转的图像，则选择【编辑】/【变换】命令，在弹出的子菜单中选择"水平翻转"或"垂直翻转"命令即可翻转图像。图2-96所示为垂直翻转效果。

图2-95   图2-96

> 🔔 **提示**
>
> 　　被锁定的"背景"图层右侧存在🔒图标，其中的图像不能进行变换操作，此时双击"背景"图层，在打开的对话框中单击 确定 按钮，将"背景"图层转换为普通图层后才能进行操作。

2.3.5 内容识别缩放

　　Photoshop CS6 对内容识别功能进行了强化，使用该功能进行图像缩放可获得特殊效果，使操作更方便和简单。选择【编辑】/【内容识别比例】命令，拖曳图像的控制点可对图像进行缩放。图 2-97 所示为普通缩放方式内容（包括背景和卡通猫咪），猫咪将跟随背景缩放；图 2-98 所示为使用内容识别功能进行缩放，背景图像大小改变，主体图像（即猫咪）大小保持不变。

图 2-97　　　　　　　　　　　　　　　图 2-98

2.3.6 拷贝、剪切与粘贴图像

　　"拷贝""剪切""粘贴"命令是 Photoshop 中的常用命令，主要用于完成复制与粘贴操作。在 Photoshop 中，还可以对选区内的图像进行复制和粘贴操作。

　　打开一张素材图像，为其创建一个选区，选择【编辑】/【拷贝】命令或按【Ctrl+C】组合键，可复制选区内的图像，此时画面中的图像内容保持不变，如图 2-99 所示。

　　选择【图像】/【剪切】命令，可以将选中的图像从画面中剪切。若当前图层为背景图层，则剪切后的图像将以背景色显示，如图 2-100 所示。

　　复制和剪切后的图像可以在原图像文件或其他图像文件中粘贴。选择【编辑】/【粘贴】命令或按【Ctrl+V】组合键，即可粘贴图像，如图 2-101 所示。

图 2-99　　　　　　　　图 2-100　　　　　　　　图 2-101

2.3.7 撤销与恢复图像

　　在 Photoshop 中若对编辑的图像效果不满意，则可撤销操作，重新编辑。若要重复某些操作，则可通过相应的快捷键实现。

1. 使用"撤销"与"重做"命令

选择【编辑】/【还原】命令或按【Ctrl+Z】组合键，可还原到上一步操作；如果需要取消还原操作，则选择【编辑】/【重做】命令。需要注意的是，"还原"和"重做"命令都只是针对一步操作，在实际编辑过程中经常需要对多个操作步骤进行还原，此时可选择【编辑】/【后退一步】命令或按【Alt+Ctrl+Z】组合键，逐一还原多个操作步骤；若想取消还原，则选择【编辑】/【前进一步】命令或按【Shift+Ctrl+Z】组合键，逐一取消还原操作。

2. 使用"历史记录"面板还原操作

在 Photoshop 中还可以使用"历史记录"面板恢复图像在某个阶段操作时的效果。选择【窗口】/【历史记录】命令，或在右侧的面板组中单击"历史记录"按钮，打开"历史记录"面板，如图 2-102 所示。

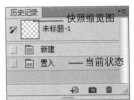

图 2-102

- "设置历史记录画笔的源"按钮：使用历史记录画笔时，该图标所在的位置将作为历史画笔的源图像。
- 快照缩览图：被记录为快照的图像状态。
- 当前状态：将图像恢复到该命令的编辑状态。
- "从当前状态创建新文档"按钮：基于当前操作步骤中图像的状态创建一个新的文件。
- "创建新快照"按钮：基于当前的图像状态创建快照。
- "删除当前状态"按钮：选择一个操作步骤，单击该按钮可将该步骤及后面的操作删除。

> **知识拓展**
>
> "历史记录"面板默认只能保存 20 步操作，若需要修改记录步骤的数量，则选择【编辑】/【首选项】/【性能】命令，打开"首选项"对话框，在"历史记录状态"数值框中可设置历史记录的保存数量，如图 2-103 所示。但将历史记录保存数量设置得越多，占用的内存就越大。

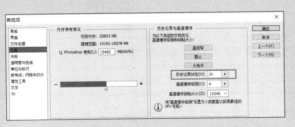

图 2-103

2.4　综合实训

2.4.1　制作简洁天气图标

某家非常具有创新能力的广告设计公司，其下的新媒体设计部门长期为客户提供优质的设计方案。近期，该部门的一位老客户准备对正在应用的 App 进行升级，增加天气预报相关图标，整个设计需要体现出简约大气的风格。表 2-1 所示为简洁天气图标制作任务单，任务单给出了明确的实训背景、制作要求、设计思路和参考效果等。

表 2-1 简洁天气图标制作任务单

实训背景	根据客户需求，设计一系列的天气预报图标，要求效果简洁大方、排列整齐，能体现不同天气的特征，并展示应用场景
尺寸要求	800 像素 ×800 像素
数量要求	5 个同系列图标
制作要求	1. 风格 采用留白设计，使整体设计高级、简约，便于受众记忆与传播 2. 色彩 界面颜色以白色为底，配以不同色彩的图标，分别表示不同的天气情况；字体颜色可选择白色，营造统一、清晰的效果 3. 文字设计 以软件界面常用的黑体为主要字体，在文字排列上采用左对齐方式，做到视觉上的统一
设计思路	利用多个工具绘制几何图形，组合在一起，形成有规律的排列，并为图像填充渐变色，让画面更有层次感，在画面中制作统一的文字排列效果，达到视觉上的统一
参考效果	
素材位置	配套资源:\ 素材文件 \ 第 2 章 \ 综合实训 \ 时间符号 .psd、天气符号 .psd
效果位置	配套资源:\ 效果文件 \ 第 2 章 \ 综合实训 \ 简洁天气图标 .psd、简洁天气图标展示 .psd

本实训的操作提示如下。

STEP 01 新建"简洁天气图标"文件，并新建图层，使用"圆角矩形工具" 在图像中绘制一个圆角矩形路径，按【Ctrl+Enter】组合键将路径转换为选区，使用"渐变工具" 对其应用线性渐变填充，设置颜色为"#ffc74a ~ #fc7e07"。

STEP 02 新建图层，使用"钢笔工具" 绘制一个不规则图形，按【Ctrl+Enter】组合键将路径转换为选区，使用"吸管工具" 单击圆角矩形左上方的颜色，然后按【Alt+Delete】组合键填充选区。为图层创建剪贴蒙版。

STEP 03 设置前景色为白色，在圆角矩形中输入文字。

STEP 04 在"图层"面板中选中所有图层，按【Ctrl+G】组合键得到"组 1"图层组，选择【图层】/【图层样式】/【投影】命令，为其添加投影，设置投影颜色为"#fc7e07"，完成一个图标的制作。

STEP 05 在"图层"面板中选中"组 1"图层组，使用"移动工具" 按住【Alt】键向下拖曳鼠标，移动并复制图标。使用同样的方式移动并复制图标。

STEP 06 使用"魔棒工具" 分别选择每一个图标内的圆角矩形，改变渐变色填充，再选择圆角矩形内部的曲线图形，改变颜色，并修改文字内容。

STEP 07 使用"圆角矩形工具" 在画面右下方绘制圆角矩形，填充"#f0f0f0"颜色。

视频教学：
制作简洁天气
图标

STEP **08** 打开"时间符号 .psd"素材图像，使用"移动工具" ▶⊕ 将其拖曳到画面顶部。

STEP **09** 按【Ctrl+Shift+Alt+E】组合键盖印图层，新建"简洁天气图标展示"文件，为背景填充灰色渐变，将盖印的图像拖到新建图像中，添加投影。

2.4.2 制作商场活动海报

某商场为增加客流量，同时寻求转型，想成为更吸引年轻人光顾的时尚主题商场，打算在年前做一波宣传活动，以年轻人为主要宣传对象，促进消费，现需要制作一款活动海报。表 2-2 所示为商场活动海报制作任务单，任务单给出了明确的实训背景、制作要求、设计思路和参考效果等。

表 2-2 商场活动海报制作任务单

实训背景	为实现商场推广和刺激消费的目的，为该活动设计一款活动海报，以便应用到商场橱窗中进行展示
尺寸要求	120 厘米 ×60 厘米
数量要求	1 张，张贴于商场橱窗
制作要求	1. 风格 采用时尚潮流的插画为主要图像，营造简约、大气的视觉氛围，画面中的几何图形有序排列，给人别有风趣的韵律感 2. 色彩 以蓝紫色为主色调，体现炫酷大气的视觉效果，吸引年轻人关注 3. 构图 采用中心构图方式，将主要文字展现在画面中间，便于消费者观看
设计思路	利用多个工具绘制出几何图形，组合在一起，形成有规律的排列，并对部分图像做渐变色处理，让画面更有层次感；在画面中添加文字投影，并做错位排列，突出海报主题
参考效果	
素材位置	配套资源:\素材文件\第 2 章\综合实训\嗨 .psd、城市 .psd
效果位置	配套资源:\效果文件\第 2 章\综合实训\商场活动海报 .psd

本实训的操作提示如下。

STEP **01** 新建文件，设置宽度和高度为"120 厘米 ×60 厘米"，设置前景色为"#371478"，按【Alt+Delete】组合键填充背景。

STEP **02** 设置前景色为"#b02165"，使用"画笔工具" ✐ 在画面下方绘制粉色图像。

STEP **03** 打开"城市 .psd"素材图像，使用"移动工具" ▶⊕ 将其拖曳到图像中，按【Ctrl+T】组合键适当调整图像大小，并放到画面中间。

STEP 04 使用"多边形套索工具" 在画面下方绘制一个四边形选区，使用"渐变工具" 对其进行线性渐变填充。

视频教学：
制作商场活动
海报

STEP 05 新建图层，使用"矩形选框工具" 绘制一个细长的矩形选区，并填充渐变颜色，然后选择"移动工具" ，按住【Alt】键移动复制对象。选中所有细长矩形所在图层，按【Ctrl+E】组合键合并图层，选择【编辑】/【变换】/【斜切】命令，对图像进行斜切操作。

STEP 06 使用相同的方式，绘制多个圆形，填充白色，合并图层后，进行斜切操作，并放到画面上方。使用"椭圆选框工具" 绘制圆形选区，进行线性渐变填充，然后复制并移动对象，适当调整图像大小，并放到画面两侧。

STEP 07 打开"嗨.psd"素材图像，使用"移动工具" 将其拖曳到图像中。

STEP 08 使用"横排文字工具" 输入活动文字，并打开"图层样式"对话框，添加投影样式。

2.5 课后练习

练习 1 制作女包代金券

【**制作要求**】利用提供的素材制作一张女包代金券，要求尺寸为 12 厘米 ×6 厘米，主色调为粉红色。

【**操作提示**】在制作时可以通过复制和粘贴等操作，将素材添加到画面中，再通过"变换"命令调整素材大小，将素材移动到合适的位置。参考效果如图 2-104 所示。

【**素材位置**】配套资源 :\ 素材文件 \ 第 2 章 \ 课后练习 \ 包 .psd、花朵 .psd、广告文字 .psd

【**效果位置**】配套资源 :\ 效果文件 \ 第 2 章 \ 课后练习 \ 女包代金券 .psd

练习 2 制作企业工作证

【**制作要求**】某互联网企业需要为员工设计一个工作证模板，要求工作牌的整体设计风格与企业形象相符，尺寸大小为 5.4 厘米 ×8.5 厘米。

【**操作提示**】设置前景色和背景色，使用吸管工具为图像填充颜色，绘制几何图形，通过旋转、复制等操作美化背景，再添加文字信息，并调整其大小和位置。参考效果如图 2-105 所示。

【**素材位置**】配套资源 :\ 素材文件 \ 第 2 章 \ 课后练习 \ 头像 .jpg、文字 .psd

【**效果位置**】配套资源 :\ 素材文件 \ 第 2 章 \ 课后练习 \ 企业工作牌 .psd

图 2-104

图 2-105

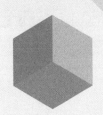

第 **3** 章

应用选区

在平面设计过程中，若需要准确地选择并编辑图像中的特定部分，则可使用选区来完成。在 Photoshop 中，创建与编辑选区是处理图像的基础，也是处理图像的重要操作之一。创建选区后，可以只调整选区内的图像，而选区外的图像不会受到影响。因此，通过创建与编辑选区可以限定操作范围，实现抠取图像等操作，制作出效果更精美的平面设计作品。

▌ 📖 **学习要点**

◎ 掌握创建选区和编辑选区的方法。

◎ 掌握使用快速选择工具、对象选择工具、魔棒工具、"色彩范围"命令抠图的方法。

▌ ◈ **素养目标**

◎ 提高抠取图像的能力。

◎ 培养耐心、细心的工作态度。

▌ ◈ **扫码阅读**

案例欣赏

课前预习

3.1 创建选区

选区可以是形状规则的区域，也可以是形状不规则的区域，但该区域只能是封闭的。在 Photoshop 中可以使用工具，如选框工具、套索工具、多边形套索工具、磁性套索工具等创建选区。创建选区时，所选区域边缘会出现闪烁的虚线，表示可以移动、复制或删除该区域内的图像。

3.1.1 课堂案例——设计生日会招贴

【制作要求】某家长即将为小孩举办生日会，需要设计一张"389毫米×546毫米"的"生日会"招贴，用于张贴在宴会厅门口，指引客人参加。考虑到生日会主人公为小朋友，招贴可采用卡通风格进行设计，结合可爱的生日素材，营造欢快的氛围。

【操作要点】先利用选区制作招贴背景，然后使用工具抠取素材，最后添加文字内容。参考效果如图3-1所示。

【素材位置】配套资源:\素材文件\第3章\课堂案例\"生日会招贴素材"文件夹

【效果位置】配套资源:\效果文件\第3章\课堂案例\生日会招贴.psd

生日会招贴效果

展示效果

图3-1

本案例具体操作如下。

STEP 01 新建大小为"389毫米×546毫米"、分辨率为"150像素/英寸"、颜色模式为"CMYK颜色"、名称为"生日会招贴"的文件。

STEP 02 选择"椭圆选框工具" ，在图像编辑区左上角绘制图3-2所示椭圆选区，释放鼠标即形成选区。在工具属性栏中单击"添加到选区"按钮 ，继续沿着图像编辑区边缘绘制椭圆选区。

STEP 03 设置前景色为"#ffce5c"，然后按【Alt+Delete】组合键填充前景色，为背景添加装饰，如图3-3所示。

STEP 04 打开"蛋糕.jpg"素材，选择"磁性套索工具" ，在工具属性栏中设置频率为"70"，

视频教学:
设计生日会招贴

在蛋糕图像左边缘单击，然后沿着图像轮廓边缘移动，Photoshop 将自动添加磁性锚点，如图 3-4 所示。

STEP 05 沿着蛋糕拖曳一周后，当鼠标指针变为 形状时单击鼠标左键闭合选区，如图 3-5 所示。然后使用"移动工具" 将其拖到"生日会招贴"文件中，并放到画面左下角，如图 3-6 所示。

图 3-2

图 3-3

图 3-4

图 3-5

> 🔔 **提示**
>
> 使用"椭圆选框工具" 时，按住【Alt】键的同时拖曳鼠标，可以从中心创建椭圆选区；按住【Shift】键的同时拖曳鼠标，可以绘制正圆选区；按住【Alt+Shift】组合键的同时拖曳鼠标，可以从中心创建正圆选区。使用"磁性套索工具" 时，可能会由于鼠标指针移动不恰当而产生多余的锚点，此时可按【Backspace】键或【Delete】键删除最近创建的锚点。

STEP 06 选择"文字 .psd"素材，使用"移动工具" 将其拖到"生日会招贴"文件中，并放到画面上方。在"图层"面板中单击底部的"创建新图层"按钮 新建图层，选中新建的图层，按住鼠标左键不放，将其拖至文字所在图层下方。

STEP 07 选择"套索工具" ，在文字周围绘制一个自由选区，如图 3-7 所示。设置前景色为"#ffd2a3"，然后按【Alt+Delete】组合键填充选区。

STEP 08 按【Ctrl+D】组合键取消选区。打开"旗子 .psd""气球 .psd""小熊 .psd"素材图像，使用"移动工具" 将所有素材分别拖到"生日会招贴"文件中，用于装饰招贴，如图 3-8 所示。

STEP 09 选择"横排文字工具" ，在工具属性栏中设置字体为"方正卡通简体"、颜色为"#ec6b6a"，在招贴中间输入说明文字，并调整文字的大小和位置，效果如图 3-9 所示。按【Ctrl+S】组合键保存文件。

图 3-6

图 3-7

图 3-8

图 3-9

3.1.2 选框工具

使用选框工具组可创建规则形状的选区，将鼠标指针移至工具箱中的"矩形选框工具" 上，长按鼠标左键或单击鼠标右键可打开选框工具组。

1. 矩形选框工具

使用"矩形选框工具" 可以创建矩形选区。选择该工具后，在图像编辑区按住鼠标左键拖曳可创建任意大小的矩形选区，如图3-10所示；按住【Shift】键不放并拖曳可创建正方形选区，如图3-11所示；按住【Alt】键不放并拖曳会以单击处为中心创建矩形选区。

若需要在原选区的基础上增加选区，则在工具属性栏中单击"添加到选区"按钮 ，鼠标指针变为 形状，此时在图像编辑区可以同时创建多个选区，有重合区域的选区可以合并为一个选区，如图3-12所示；单击"从选区减去"按钮 ，鼠标指针变为 形状，此时在图像编辑区创建的选区若与之前创建的选区有重合区域，则该区域将从第一个选区中减去，如图3-13所示；单击"与选区交叉"按钮 ，鼠标指针变为 形状，此时在图像编辑区创建的选区若与之前创建的选区有重合区域，则只有该重合区域被保留，如图3-14所示。

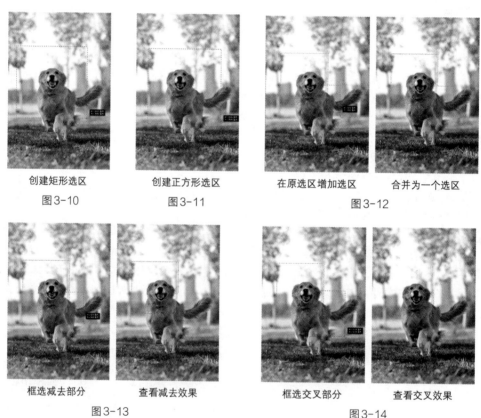

创建矩形选区　　　　创建正方形选区　　　　在原选区增加选区　　　合并为一个选区

图3-10　　　　　　　图3-11　　　　　　　　　　　图3-12

框选减去部分　　　　查看减去效果　　　　框选交叉部分　　　　查看交叉效果

图3-13　　　　　　　　　　　　　　图3-14

2. 椭圆选框工具

使用"椭圆选框工具" 可以创建椭圆选区。选择该工具后，在图像编辑区按住鼠标左键拖曳可创建任意大小的椭圆选区，如图3-15所示；按住【Shift】键不放并拖曳可创建正圆选区，如图3-16所示；按住【Alt】键不放并拖曳会以单击处为中心创建椭圆选区。

3. 单行/单列选框工具

使用"单行选框工具" 和"单列选框工具" 可以创建高度或宽度为 1 像素的选区，在处理图像时，这两种工具常在制作分割线、平行线和网格线时使用。选择相应工具后，在需要创建选区的位置单击鼠标左键即可创建选区。图 3-17 所示为创建单行选区；图 3-18 所示为创建单列选区。

创建椭圆选区　　　　　　创建正圆选区　　　　　　创建单行选区　　　　　　创建单列选区

图3-15　　　　　　　　图3-16　　　　　　　　图3-17　　　　　　　　图3-18

3.1.3　套索工具

"套索工具" 常在对选区边缘精度要求不高的情况下使用，可以创建不规则形状的选区。选择"套索工具" 后，在图像编辑区按住鼠标左键拖曳可绘制线条，释放鼠标左键后，绘制的线条将自动闭合为选区，如图 3-19 所示。

确定起点　　　　　　　　拖曳鼠标　　　　　　　　回到起点　　　　　　　　创建选区

图3-19

3.1.4　多边形套索工具

使用"多边形套索工具" 可以创建边界为直线的选区，常用于选取较为规则的图像。选择"多边形套索工具" 后，在图像编辑区单击鼠标左键以创建选区的起点，然后将鼠标指针移至多边形的转折处再单击鼠标左键以作为多边形的节点，接着使用相同的方法继续添加节点，直到将鼠标指针移至起点位置，此时鼠标指针变为 形状，单击鼠标左键即可创建选区，如图 3-20 所示。

确定起点　　　　　　　　拖曳鼠标　　　　　　　　回到起点　　　　　　　　创建选区

图3-20

🔔 提示

使用"多边形套索工具" ▷ 创建选区时，按住【Shift】键的同时移动鼠标指针可绘制角度为45°倍数的线段。

3.1.5 磁性套索工具

使用"磁性套索工具" ▷ 可以创建不规则形状的选区，常在背景对比强烈且边缘复杂的情况下使用。选择"磁性套索工具" ▷ 后，在图像编辑区单击鼠标左键以创建选区的起点，然后沿需要选择的区域拖曳鼠标，Photoshop 将捕捉对比度较大的边缘，并自动添加节点，当将鼠标指针移至起点位置时，鼠标指针变为 ▷ 形状，单击鼠标左键即可创建选区，如图 3-21 所示。

添加节点　　　　　　　　回到起点　　　　　　　　创建选区

图 3-21

🔔 提示

使用"多边形套索工具" ▷ 和"磁性套索工具" ▷ 创建选区时，按【Delete】键或【Backspace】键可删除最新创建的选区线段或节点，然后可从删除位置继续绘制选区线段或添加节点。

"磁性套索工具" ▷ 的工具属性栏如图 3-22 所示。其中，"宽度"数值框用于设置在创建选区时只检测从鼠标指针开始某个宽度以内的边缘。"对比度"数值框用于设置该工具对于图像边缘的灵敏度，数值范围为 1% ～ 100%，若选取的图像与周围的颜色对比度较强，就需要设置较高的数值；反之则只需设置较低的数值。"频率"数值框用于设置该工具创建节点的频率，数值范围为 0 ～ 100，该数值越高，创建的节点越多；反之则越少。在计算机中接入绘图板和压感笔时，可单击"使用绘图板压力并更改钢笔宽度"按钮 ✍，压感笔压力越强，该工具检测边缘的宽度越窄。

图 3-22

🔔 提示

选择"磁性套索工具" ▷ 后，按【Caps Lock】键可更改鼠标指针的样式，显示检测宽度；按【 [】键可减小 1 像素宽度；按【] 】键可增大 1 像素宽度。

3.2 编辑选区

创建选区后，为了得到更丰富的效果，或使选区范围更加精确，还需要编辑选区，如扩展与收缩选区、平滑与边界选区、存储与载入选区、填充与描边选区等。

3.2.1 课堂案例——制作推文封面图

【制作要求】某企业近期准备在公众号发布一篇文章，需要为该文章制作公众号推文封面图，要求尺寸为 900 像素 ×383 像素，效果直观、简洁。

【操作要点】添加素材，将文字载入选区，并扩展选区，针对主要文字填充选区提高美观度，再为人物添加描边。参考效果如图 3-23 所示。

【素材位置】配套资源 :\ 素材文件 \ 第 3 章 \ 课堂案例 \ 读书 .png

【效果位置】配套资源 :\ 效果文件 \ 第 3 章 \ 课堂案例 \ 推文封面图 .psd

公众号推文封面效果

实际应用效果

图 3-23

本案例具体操作如下。

STEP 01 新建大小为"900 像素 ×383 像素"、分辨率为"300 像素 / 英寸"、颜色模式为"RGB 颜色"、名称为"推文封面图"的文件。

STEP 02 设置前景色为"#3c8510"，按【Alt+Delete】组合键填充前景色，新建图层，选择"矩形选框工具"，在图像中绘制选区，效果如图 3-24 所示。

STEP 03 选择【编辑】/【描边】命令，打开"描边"对话框，设置宽度为"10 像素"、颜色为"#ffffff"，单击 确定 按钮，效果如图 3-25 所示。

视频教学：
制作推文封面图

图 3-24

图 3-25

STEP 04 选择【选择】/【修改】/【收缩】命令，打开"收缩选区"对话框，设置收缩量为"20"，单击 确定 按钮，如图3-26所示。

STEP 05 设置前景色为"#479d14"，按【Alt+Delete】组合键用前景色填充选区，按【Ctrl+D】组合键取消选区，如图3-27所示。

STEP 06 选择"横排文字工具" ，在工具属性栏中设置字体为"方正汉真广标简体"、文字颜色为"#ffffff"、文字大小为"33.45点"，在封面图的左右两侧分别输入"安""利"文字，效果如图3-28所示。

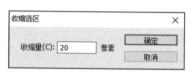
图3-26

图3-27

图3-28

STEP 07 选中文字所在图层，按住【Ctrl】键不放单击文字所在图层前的缩览图载入选区。选择【选择】/【修改】/【扩展】命令，打开"扩展选区"对话框，设置扩展量为"8"，单击 确定 按钮，如图3-29所示。

STEP 08 新建图层，设置前景色为"#ffffff"，按【Alt+Delete】组合键填充前景色，在"图层"面板中设置该图层的不透明度为"10%"，此时发现文字周围有浅色边框，效果如图3-30所示。

图3-29

图3-30

STEP 09 使用相同的方法，为"利"字添加浅色边框，效果如图3-31所示。

STEP 10 新建图层，选择"矩形选框工具" ，在其上方绘制长方形选区，并填充"#ffc000"颜色，按【Ctrl+D】组合键取消选区；再次新建图层，选择"矩形选框工具" ，在矩形的下方绘制选区，并填充"#ffffff"颜色，效果如图3-32所示。

图3-31

图3-32

STEP 11 选择"横排文字工具" ，在工具属性栏中设置字体为"方正本墨物语 简"、文字颜色为"#fe2a2a"、文字大小为"8点"，输入"每日精选送给您"文字，调整位置、字距。再次选择"横排文字工具" T ，在工具属性栏中设置字体为"方正汉真广标简体"、文字颜色为"#479d14"、文字大小为"16.55 点"，在白色矩形中输入"这篇文章　建议阅读"文字，调整位置、字距，效果如图 3-33 所示。

STEP 12 选择白色矩形中的文字，按【Ctrl+T】组合键，使文字进入自由变换状态，单击鼠标右键，在弹出的快捷菜单中选择"斜切"命令，向右拖曳右上角的控制点，发现文字呈倾斜显示，效果如图 3-34 所示。

图3-33

图3-34

STEP 13 打开"读书 .png"素材，使用"移动工具" 将其拖曳到图像中，并调整大小和位置，按住【Ctrl】键不放单击"读书"所在图层前的缩览图载入选区。选择【选择】/【修改】/【边界】命令，打开"边界选区"对话框，设置宽度为"4 像素"，单击 确定 按钮，如图 3-35 所示。

STEP 14 设置前景色为"#ffffff"，在"读书"素材下方新建图层。选择【编辑】/【填充】命令，打开"填充"对话框，在"内容"下拉列表中选择"前景色"选项，单击 确定 按钮确认填充，按【Ctrl+S】组合键保存文件，最终效果如图 3-36 所示。

图3-35

图3-36

3.2.2 扩展与收缩选区

若对图像中创建的选区大小不满意，则可通过扩展与收缩选区的操作修改选区大小，而不需要再次创建选区。

1. 扩展选区

在图像中创建选区后，如果感觉创建的选区范围略小，则可选择【选择】/【修改】/【扩展】命令，打开"扩展选区"对话框，在"扩展量"文本框中输入选区扩展的像素，如输入"20"，单击 确定 按钮，选区将向外扩展，如图 3-37 所示。

2. 收缩选区

收缩选区与扩展选区效果相反。在图像中创建选区后，选择【选择】/【修改】/【收缩】命令，打开"收缩选区"对话框，在"收缩量"文本框中输入选区收缩的像素，单击 确定 按钮，选区将向内收缩。

原图

设置扩展量

完成后的效果

图3-37

3.2.3 平滑与边界选区

创建选区后，可以通过平滑选区或边界选区的操作，让选区边缘更加平滑或形成边框效果。

1. 平滑选区

如果创建的选区边缘比较生硬，则可使用"平滑"命令，让选区边缘变得更加平滑。选择【选择】/
【修改】/【平滑】命令，打开"平滑选区"对话框，在"取样半径"数值框中输入选区平滑的数值，如
输入"20"，单击 确定 按钮，完成平滑选区操作，如图3-38所示。

原图

设置取样半径

完成后的效果

图3-38

2. 边界选区

在图像中创建选区后，使用"边界选区"命令可以在已创建的选区边缘新建一个相同的选区。其操
作方法为：选择【选择】/【修改】/【边界】命令，打开"边界选区"对话框，在"宽度"文本框中输
入选区的宽度，如输入"20"，单击 确定 按钮，完成边界选区操作，如图3-39所示。

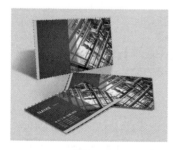
原图

设置宽度

完成后的效果

图3-39

知识拓展

若需要将选区的图像边缘变得柔和、模糊，则在创建选区后，选择【选择】/【修改】/【羽化】命令，或按【Shift+F6】组合键，打开"羽化"对话框，设置羽化半径参数，单击 确定 按钮羽化选区。图3-40所示为羽化选区前的效果；图3-41所示为羽化半径为"60像素"的效果。

图3-40　　　　　　　　　　　　　　　　　　图3-41

3.2.4　存储与载入选区

对于调整后需要长期使用的选区，可以先存储起来，下次需要使用时直接载入即可。这样不但能节省重复绘制选区的时间，还能避免每次创建选区时出现差异。

1. 存储选区

选择【选择】/【存储选区】命令，或在选区上单击鼠标右键，在弹出的快捷菜单中选择"存储选区"命令，打开"存储选区"对话框，在其中可设置选区的存储位置、名称和方式等，单击 确定 按钮，选区将被存储，存储后可在"通道"面板中查看，如图3-42所示。

原图　　　　　　　　　设置存储选区　　　　　　　存储后的选区

资源链接："存储选区"对话框参数详解

图3-42

2. 载入选区

若需要再次使用之前存储的选区，则选择【选择】/【载入选区】命令，打开"载入选区"对话框，选择需要载入的选区及其载入方式。其中，文档用于选择载入已存储的选区图像；通道用于选择已存储的选区通道；勾选"反相"复选框，可以反向载入存储的选区；若当前图像中已包含选区，则在"操作"栏中可设置如何载入选区。单击 确定 按钮，可将已存储的选区载入图像中。

3.2.5　填充与描边选区

在制作图像效果时，若需要填充选区，或为创建的选区描边，可使用Photoshop提供的填充和描边功能进行操作。

1. 填充选区

填充选区是指在创建的选区内部填充颜色或图案。单击工具箱底部的前景色/背景色色块，在打开的"拾色器"对话框中设置颜色后，按【Alt+Delete】组合键可用前景色填充选区；按【Ctrl+Delete】组合键可用背景色填充选区。除此之外，也可选择【编辑】/【填充】命令，打开"填充"对话框，在其中设置好填充内容（包括前景色、背景色、颜色、内容识别图案、历史记录、黑色、50% 灰色、白色8个选项）、混合模式、不透明度等后，单击 确定 按钮，即可填充选区。

2. 描边选区

描边选区是指使用一种颜色沿选区边界描边。其操作方法为：创建要描边的选区，选择【编辑】/【描边】命令，打开"描边"对话框，在其中可设置描边宽度、颜色、位置和混合模式等，单击 确定 按钮，即可描边选区，如图 3-43 所示。

原图 设置描边 描边选区后的效果

图 3-43

在"描边"对话框中，"宽度"用于设置描边的宽度，单位为像素；单击"颜色"右侧的色块，在打开的"拾色器（描边）"对话框中可以设置用于描边选区的颜色；"位置"用于设置描边所处的选区位置；"混合"用于设置描边颜色的混合模式；"不透明度"用于设置描边颜色的不透明度；勾选"保留透明区域"复选框，将只对选区中存在像素的区域描边，不对选区中的透明区域描边。

🔔 **提示**

描边选区是直接为选区边缘描绘颜色，且比较光滑；而边界选区是根据当前选区的边缘向外或向内扩展一定的像素，生成一个新的、边缘更加平滑的选区。

3.3
使用选区工具和命令抠图

在进行平面设计时，若需要快速为某个图像替换背景，则可使用选区工具，如快速选择工具、魔棒工具等快速抠取图像，也可使用"色彩范围"命令抠取单色图像。

3.3.1　课堂案例——制作吸尘器主图

【制作要求】某网店即将上架一款吸尘器，需要为该产品制作主图，要求尺寸为800像素×1200像素，在主图中展现出该产品的卖点、功能、优势。

【操作要点】使用快速选择工具、魔棒工具和"色彩范围"命令抠取素材，然后进行主图的制作。参考效果如图3-44所示。

【素材位置】配套资源：\素材文件\第3章\课堂案例\"吸尘器主图素材"文件夹

【效果位置】配套资源：\效果文件\第3章\课堂案例\吸尘器主图.psd

本案例具体操作如下。

STEP 01 新建大小为"800像素×1200像素"、分辨率为"72像素/英寸"、颜色模式为"RGB颜色"、名称为"吸尘器主图"的文件。

STEP 02 置入"吸尘器背景.jpg"素材，适当调整大小和位置，作为主图的背景。

STEP 03 打开"吸尘器.jpg"素材文件，选择"快速选择工具" 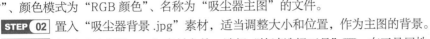，在工具属性栏中单击"添加到选区"按钮 ，设置画笔大小为"20像素"，然后在图像编辑区吸尘器的区域按住鼠标左键拖曳，如图3-45所示。

STEP 04 由于吸尘器有部分区域未被直接选中，此时可按住【Alt】键的同时向上滑动鼠标滚轮，以放大画面，然后继续创建选区，如图3-46所示。

STEP 05 使用"移动工具" 将选区内的吸尘器图像拖至"吸尘器主图"文件中，按【Ctrl+T】组合键进入自由变换状态，适当调整图像大小，并置于图像编辑区右侧，然后取消选区，效果如图3-47所示。

STEP 06 置入"文字素材.png"素材，适当调整大小和位置，效果如图3-48所示。

图3-44

视频教学：
制作吸尘器主图

图3-45

图3-46

图3-47

图3-48

STEP 07 打开"吸尘器配件.jpg"素材文件，选择"魔棒工具" ，在工具属性栏中单击"添加到选区"按钮 ，设置容差为"30"，在吸尘器配件周围的白色区域单击鼠标左键，如图3-49所示。

STEP 08 多次单击使所有空白区域被创建为选区之后，按【Shift+Ctrl+I】组合键反选选区，即选中吸尘器配件区域，如图3-50所示。

STEP 09 按照与步骤05相同的方法将选区内的吸尘器配件图像拖至"吸尘器主图"文件中，进入自由变换状态，适当调整图像大小，并置于图像编辑区左侧，取消选区，效果如图3-51所示。

图3-49　　　　　　　　　　图3-50　　　　　　　　　　图3-51

STEP 10 打开"装饰.jpg"素材文件，选择【选择】/【色彩范围】命令，打开"色彩范围"对话框，设置颜色容差为"50"，然后在图像中的黑色区域单击鼠标左键，单击 确定 按钮，发现已选中图像中所有的黑色区域，如图3-52所示。

STEP 11 按【Shift+Ctrl+I】组合键反选选区，如图3-53所示。再按【Ctrl+J】组合键快速实现复制选区中的内容到一个新图层上，最后将其拖至"吸尘器主图"文件中，并适当调整大小和位置，如图3-54所示。

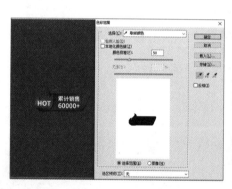

图3-52　　　　　　　　　　图3-53　　　　　　　　　　图3-54

行业知识

　　主图通常使用800像素x800像素或800像素×1200像素两个尺寸，这样的尺寸既能保证图片清晰，又能适应不同设备和屏幕的显示需求。在设计主图时需要注意以下几点：①主图的核心是展示产品，设计时要确保产品在主图中占据主导地位，避免被其他元素喧宾夺主；②色彩是影响消费者视觉感受的重要因素，在设计时须选择合适的色彩，既要符合产品调性，又要吸引消费者眼球；③适当添加文字说明可以帮助消费者更好地理解产品特点和优势，但要注意文字的数量和排版效果，避免过于烦琐或影响美观；④主图的画质直接影响着消费者的购买决策，设计时要确保图片清晰、无模糊、无噪点，以展现产品的最佳效果。

3.3.2 快速选择工具

使用"快速选择工具" 可以将鼠标指针转换为画笔状态，从而对图像进行涂抹，以快速创建选区。选择"快速选择工具" 后，鼠标指针将变为圆圈形状⊕（圆圈越大，画笔越大），在需要选取的区域按住鼠标左键拖曳，会随着拖曳轨迹自动向外扩展并自动查找图像的边缘，以形成选区，如图3-55所示。

调整前　　　　　　　　　　　拖曳鼠标　　　　　　　　　　创建选区

图3-55

> **提示**
>
> 使用"快速选择工具" 涂抹图像创建选区时，在英文输入法状态下，按【] 】键可增大画笔大小；按【 [】键可减小画笔大小。

3.3.3 魔棒工具

使用"魔棒工具" 可以针对图像中颜色相似的区域创建选区。选择"魔棒工具" ，在工具属性栏中根据具体需求设置相关参数，如图3-56所示。其中，"取样大小"下拉列表用于控制创建选区的取样点大小，其数值越大，创建的颜色选区也就越大；"容差"数值框用于设置识别颜色的范围，数值范围为0 ~ 255，该数值越大，所识别的区域也就越广。完成设置后，在图像编辑区单击鼠标左键，Photoshop将自动根据单击点下方的像素创建选区，此时按【Delete】键可直接删除选区内容，如图3-57所示。

图3-56

抠图前　　　　　　　　　单击背景创建选区　　　　　　删除背景完成抠图

图3-57

3.3.4 色彩范围

"色彩范围"命令可以通过设置色彩范围抠取图像，也可以配合其他工具使用。若已经使用其他工具创建选区，则使用此命令可在该选区继续吸取色彩进行抠取。选择【选择】/【色彩范围】命令，打开"色彩范围"对话框，将鼠标指针移至图像上，单击鼠标左键采样颜色，在对话框中调整参数。其中，"选择"下拉列表用于设置采样的范围；勾选"检测人脸"复选框，在选择人像时，可以更加准确地选择肤色所在区域；"颜色容差"选项用于设置采样颜色的范围，以及控制采样颜色的选择程度；"范围"选项用于调整选区范围；"选区预览"下拉列表用于设置选区在图像编辑区的预览方式。完成设置后单击 确定 按钮，如图 3-58 所示。

吸取颜色   查看选区效果

图 3-58

综合实训——制作店铺横幅广告

随着夏日的到来，气温逐渐升高，炎热的天气让人们开始寻找各种方式来降温，如使用空调。某店铺近期上新了一款空调，该空调具有出色的制冷和静音效果，还采用了先进的节能技术和环保材料，能够为消费者带来更加舒适、健康和环保的使用体验。为了促进空调销售，该店铺准备在店铺网页中制作横幅广告，向消费者展示空调产品，吸引更多的消费者前来了解和购买。表 3-1 所示为店铺横幅广告制作任务单，任务单给出了明确的实训背景、制作要求、设计思路和参考效果等。

表 3-1 店铺横幅广告制作任务单

实训背景	某店铺为了促进销售，准备制作店铺横幅广告，要求该广告简洁、美观，符合产品定位
尺寸要求	1920 像素 ×900 像素，分辨率为 72 像素 / 英寸
数量要求	1 张

制作要求	1. 主题明确 横幅广告需聚焦于店铺的空调产品，突出其特点与优势，如舒适静音、蛮腰设计、优惠信息等 2. 色彩搭配 搭配鲜明、对比强烈的色彩，使横幅广告在视觉上更具冲击力，提高关注度。这里以灰蓝色为主色，搭配黑色、橙色等颜色提升视觉冲击力 3. 图文结合 充分利用图片和文字的结合，以直观、生动的方式展示空调产品的外观、功能和使用场景
设计思路	先使用套索工具组创建图像选区，然后编辑选区，最后复制文字图层到图像中
参考效果	 舒适静音 蛮腰设计 ·满6000减300· 时间: 12日-16日
素材位置	配套资源 :\ 素材文件 \ 第 3 章 \ 综合实训 \ 背景 .jpg、素材 .jpg、文字 .psd
效果位置	配套资源 :\ 效果文件 \ 第 3 章 \ 综合实训 \ 店铺横幅广告 .psd

本实训的操作提示如下。

STEP 01 新建一个大小为"1920 像素 ×900 像素"、分辨率为"72 像素 / 英寸"、名称为"店铺横幅广告"的图像文件。

STEP 02 将"背景 .jpg"图像文件置入"店铺横幅广告 .psd"图像文件中，并调整其大小和位置。

STEP 03 打开"素材 .jpg"图像文件，使用"多边形套索工具"和"套索工具"等为灯、空调、桌子、钟等图像创建图像选区。

STEP 04 将创建选区后的图像复制到"店铺横幅广告 .psd"图像文件中，选择

视频教学:
制作店铺横幅
广告

【选择】/【修改】/【平滑】命令，对选区进行平滑处理，使用"移动工具"调整其大小和位置。复制"空调"所在图层，载入选区并填充"#00150f"颜色，然后设置不透明度为"30%"，调整图层的位置，使其形成投影效果。

STEP 05 打开"文字 .psd"图像文件，将其中的文字图层复制到"店铺横幅广告 .psd"图像文件中，调整大小和位置后，按【Ctrl+S】组合键保存图像文件。

3.5 课后练习

练习 1 设计秋冬上新服装招贴

【制作要求】 某服装品牌需要设计一张上新招贴,宣传秋冬新品,要求招贴突出服装新品,并通过文案体现主题、优惠折扣、活动信息,以吸引消费者。

【操作提示】 可通过与选区相关的操作,将素材中的衣服抠取出来,并将其添加到招贴背景中。参考效果如图3-59所示。

【素材位置】 配套资源 :\ 素材文件 \ 第 3 章 \ 课后练习 \ "秋冬上新服装" 文件夹

【效果位置】 配套资源 :\ 效果文件 \ 第 3 章 \ 课后练习 \ 秋冬上新服装招贴 .psd

练习 2 制作沙发主图

【制作要求】 某家具店铺需要为店内的一款简约沙发制作主图,要求展现出该款沙发的外观、优势等。

【操作提示】 制作时可综合使用多种工具或命令抠取沙发主体,然后通过多种工具和编辑选区的操作绘制、填充、描边出背景及装饰元素。参考效果如图3-60所示。

【素材位置】 配套资源 :\ 素材文件 \ 第 3 章 \ 课后练习 \ 沙发 .jpg

【效果位置】 配套资源 :\ 效果文件 \ 第 3 章 \ 课后练习 \ 沙发主图 .psd

图3-59

图3-60

第 **4** 章 绘制图像与形状

在平面设计中，常常需要绘制不同的图像和形状，如图标、标志、海报中的图案等，这时可以利用 Photoshop 提供的画笔工具组、钢笔工具组、形状工具组等工具，绘制出视觉效果丰富、美观、具有创意的图像和形状。

📖 学习要点

◎ 掌握画笔工具、铅笔工具的使用方法。

◎ 掌握创建路径和编辑路径的方法。

◎ 掌握矩形工具、圆角矩形工具、椭圆工具等工具的使用方法。

✧ 素养目标

◎ 提高图像绘制能力。

◎ 培养图形色彩的搭配与审美能力。

◈ 扫码阅读

案例欣赏

课前预习

绘制图像

在进行平面设计时，为了让设计效果更符合需求，可以在 Photoshop 中使用画笔工具和铅笔工具绘制图像。

4.1.1 课堂案例——绘制中国风开屏广告

【制作要求】为了让更多人了解二十四节气的相关知识，弘扬传统文化，某手机品牌准备制作 24 节气中"立夏"节气的 App 开屏广告，要求尺寸为 1080 像素 × 2339 像素，采用中国风进行设计。

【操作要点】使用"画笔工具"绘制背景和荷叶部分，使用"铅笔工具"绘制荷叶纹理，最后添加素材。参考效果如图 4-1 所示。

【素材位置】配套资源:\素材文件\第 4 章\课堂案例\"中国风节气素材"文件夹

【效果位置】配套资源:\效果文件\第 4 章\课堂案例\中国风开屏广告 .psd

本案例具体操作如下。

海报效果

应用场景

图4-1

STEP 01 新建大小为"1080 像素 × 2339 像素"、分辨率为"72 像素 / 英寸"、名称为"中国风开屏广告"的文件。

STEP 02 新建图层，设置前景色为"#4ba482"，选择"画笔工具" ，在工具属性栏中设置笔尖样式、大小分别为"柔边圆""2000 像素"，如图 4-2 所示。在图像编辑区多次单击鼠标左键，绘制出图 4-3 所示的效果。

STEP 03 新建图层，选择"画笔工具" ，保持前景色不变，在工具属性栏中设置流量为"20"，在右上角和左下角单击鼠标左键，使开屏广告背景形成渐隐效果，如图 4-4 所示。

STEP 04 更改前景色为"#cdb8d6"、画笔大小为"800 像素"，新建图层，在图像编辑区右上角和左下角单击鼠标左键，效果如图 4-5 所示。

视频教学:
绘制中国风开屏
广告

STEP 05 选择"画笔工具" ，在工具属性栏中单击"切换画笔面板"按钮，打开"画笔"面板，在其中选择"36"画笔样式，设置大小为"70 像素"、硬毛刷为"45%"、长度为"110%"、粗细为"100%"、硬度为"69%"、角度为"-13°"、间距为"7%"，如图 4-6 所示。

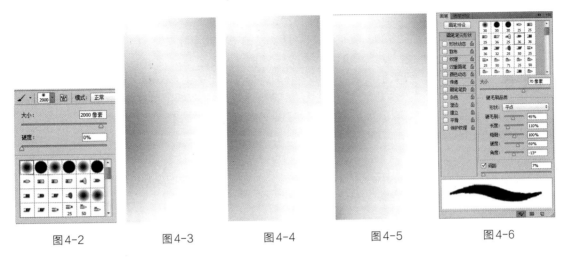

图4-2　　　　图4-3　　　　图4-4　　　　图4-5　　　　图4-6

STEP 06 勾选"散布"复选框，设置散布为"120%"、控制为"25"，如图4-7所示。

STEP 07 设置前景色为4da880，在图像右下角单击鼠标左键并向上拖曳，绘制荷叶杆效果，如图4-8所示。

STEP 08 新建图层，设置前景色为"#4ba482"，选择"画笔工具" ，在工具属性栏中设置笔尖样式、大小分别为"柔边圆""2000像素"，在图像编辑区多次单击鼠标左键，绘制出图4-9所示的效果。

STEP 09 为了绘制出荷叶形状，先使用"套索工具" 在图像上面部分绘制选区，注意该选区要有荷叶的轮廓感，如图4-10所示。

STEP 10 按【Delete】键删除选区中的内容，选择"橡皮擦工具" ，设置橡皮擦样式、大小分别为"柔边圆""500像素"，擦除上方和右下方多余的部分，使其形成水墨效果的荷叶轮廓，效果如图4-11所示。

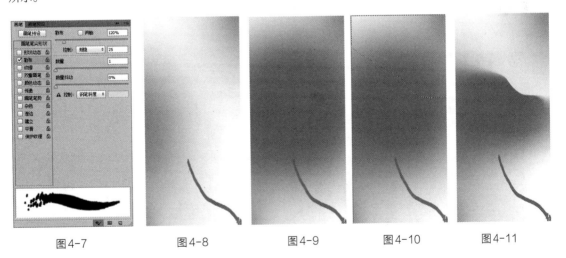

图4-7　　　　图4-8　　　　图4-9　　　　图4-10　　　　图4-11

STEP 11 选中荷叶杆所在图层，再次选择"橡皮擦工具" ，擦除荷叶杆上端，使荷叶杆与荷叶过渡自然，效果如图4-12所示。

STEP 12 新建图层，设置前景色为"#86e492"，选择"画笔工具" ，在工具属性栏中设置画笔样式、大小分别为"柔边圆""1800 像素"，在图像编辑区多次单击鼠标左键，绘制出图 4-13 所示的效果。按【Ctrl+Alt+G】组合键创建剪贴蒙版，如图 4-14 所示。

STEP 13 新建图层，设置前景色为"#d6ede0"，选择"铅笔工具" ，在工具属性栏中设置画笔样式、大小分别为"圆水彩""12 像素"，在荷叶上方绘制荷叶的纹理，如图 4-15 所示。按【Ctrl+Alt+G】组合键创建剪贴蒙版，并设置图层混合模式为"柔光"、不透明度为"80%"，如图 4-16 所示。效果如图 4-17 所示。

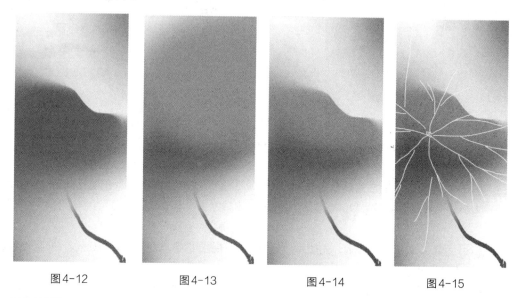

图 4-12　　　　　　　图 4-13　　　　　　　图 4-14　　　　　　　图 4-15

STEP 14 打开"荷花 .png、树叶 .png、蜻蜓 .png"素材文件，使用"移动工具" 将其拖曳到广告中，并调整大小和位置，如图 4-18 所示。

STEP 15 置入"文字 .png"素材文件到图像窗口中，然后适当调整大小和位置，如图 4-19 所示。最后保存文件。

图 4-16　　　　　　　图 4-17　　　　　　　图 4-18　　　　　　　图 4-19

行业知识

中国风设计是指结合中国传统元素和现代设计理念，创造出具有东方韵味的设计作品。在设计时，首先，选取代表中国传统文化的元素，如水墨、古典建筑、传统纹样等，这些元素能够凸显中国风特色。其次，运用传统色彩，如中国红、琉璃黄、玉绿等，这些色彩既富有文化内涵，又能营造独特的视觉效果；同时，书法字体也是重要的中国风元素，选择适合主题的书法字体，能够增强艺术感和文化底蕴。最后，在构图和排版上，注重整体的和谐与平衡，避免过于复杂或混乱，保持视觉效果的简洁明快。

4.1.2 画笔工具

"画笔工具" 可用于绘制各种具有特殊效果的图形，如油画效果、水彩效果、毛笔笔触效果等。使用"画笔工具" 绘图时，需先在工具属性栏中设置画笔属性，如画笔样式、大小、模式、不透明度等，如图4-20所示。然后在图像编辑区单击鼠标左键或拖曳鼠标绘制图形。

图4-20

单击"切换画笔面板"按钮 ，打开"画笔"面板，在其中可设置画笔的详细参数，包括形状动态、散布、纹理、双重画笔、颜色动态、传递、画笔笔势、杂色、湿边、建立、平滑等，如图4-21所示。

资源链接：
画笔工具属性栏
和"画笔"面板
详解

图4-21

知识拓展

"混合器画笔工具" 可以制作出混合颜料的效果，如水彩、油画效果，其使用方法与"画笔工具" 相似。使用"混合器画笔工具" 时，可以单击 按钮设置当前画笔载入，单击"每次描边后载入画笔"按钮 ，可在每次涂抹（描边）后重新载入画笔；单击"每次描边后清理画笔"按钮 ，可在每次涂抹（描边）后清理画笔。

4.1.3 铅笔工具

"铅笔工具" 与"画笔工具" 的作用都是绘制图像，其使用方法和工具属性栏也相似，但"铅笔工具" 的工具属性栏中增加了一个"自动抹除"复选框，勾选该复选框后，将鼠标指针的中心移至包含前景色的区域，可将该区域涂抹为背景色。如果鼠标指针放置的区域不包括前景色区域，则可将该区域涂抹成前景色。

4.2
创建和编辑路径

绘制图形、制作标志或图标时，如果直接使用画笔工具难以达到需要的效果，则可以借助钢笔工具来绘制路径。钢笔工具提供了更大的灵活性，能够精确控制图形的形状和走向。绘制完成后，若初步绘制的路径不符合预期，则可以通过调整路径的锚点等，进一步优化图形的形态，使其更符合设计需求。

4.2.1 课堂案例——制作儿童服装标志

【制作要求】为火箭人儿童服装企业制作标志，要求使用火箭图案作为标志的主要图像，标志效果要适合儿童审美，可爱而不失科技感，能引发儿童的好奇心和探索欲望。

【操作要点】使用"钢笔工具"绘制火箭形状，然后为火箭形状添加背景，最后输入标志文字。参考效果如图 4-22 所示。

【效果位置】配套资源 :\ 效果文件 \ 第 4 章 \ 课堂案例 \ 儿童服装标志 .psd

标志效果　　　　　　　　　　　　标志应用效果

图4-22

本案例具体操作如下。

STEP 01 新建大小为"600 像素 ×600 像素"、分辨率为"72 像素 / 英寸"、颜色模式为"RGB 颜色"、背景色为"#ffffff"、名称为"儿童服装标志"的文件。选择【视图】/【显示】/【网格】命令，以便更加精确地进行绘制。

STEP 02 选择"钢笔工具" ，在图像编辑区单击鼠标左键以创建锚点，将鼠标指针移至该锚点的右上角单击并按住鼠标左键向右拖曳，以创建曲线，如图 4-23 所示。

STEP 03 将鼠标指针移至第一个锚点右侧，单击鼠标左键以创建锚点，如图 4-24 所示。按住【Alt】键不放并单击右侧的锚点，将其转换为角点，以便绘制直线，然后将鼠标指针移至左侧的锚点处，当鼠标指针变为 形状时单击鼠标左键以闭合路径，如图 4-25 所示。

STEP 04 新建图层，在绘制的路径上方单击鼠标右键，在弹出的快捷菜单中选择"填充路径"命

视频教学:
制作儿童服装
标志

令，在打开的"填充路径"对话框的"使用"下拉列表中选择"颜色"选项，在打开的对话框中设置颜色为"#2c4352"，然后单击 确定 按钮返回"填充路径"对话框，继续单击 确定 按钮。再次单击鼠标右键，在弹出的快捷菜单中选择"删除路径"命令，效果如图 4-26 所示。

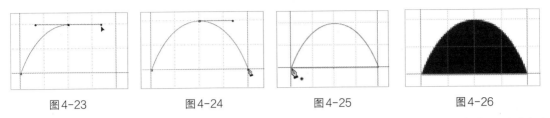

图4-23   图4-24   图4-25   图4-26

STEP 05 新建图层，使用相同的方法绘制火箭箭身路径，为其填充"#fbc042"颜色，再删除路径，如图 4-27 所示。

STEP 06 新建图层，在步骤 05 绘制的图形下方按梯形的 4 个顶点依次单击鼠标左键以创建锚点，绘制路径，闭合路径后，为路径填充"#2c4352"颜色，如图 4-28 所示。使用相同的方法在其下方绘制一个梯形路径，为路径填充"#f99619"颜色。注意，每次绘制好图形后都需要删除路径。选择【视图】/【显示】/【网格】命令隐藏网格，如图 4-29 所示。

STEP 07 选择"椭圆工具" ⬭，设置填充颜色为"#2c4352"，在箭身下方绘制一个椭圆，再选择"矩形工具" ▣，按住【Alt】键不放，在椭圆下方绘制矩形以裁剪椭圆，如图 4-30 所示。然后在"图层"面板中将该图层移至箭身图形所在图层下方。

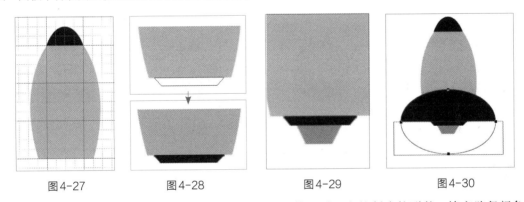

图4-27   图4-28   图4-29   图4-30

STEP 08 新建图层，选择"钢笔工具" ✍，在火箭图形下方绘制火焰形状，填充路径颜色为"#f99619"，如图 4-31 所示。然后按【Ctrl+T】组合键进入自由变换状态，调整路径的大小，如图 4-32 所示。再次新建图层，为路径填充"#fbc042"颜色。

STEP 09 使用相同的方法再次调整路径的大小，新建图层，为路径填充"#ffffff"颜色，效果如图 4-33 所示。然后删除路径。

> 🔔 **提示**
>
> 新建图层并绘制路径后，可多次在新建的图层上对该路径进行填充或描边，而不需要再次绘制相同形状的路径。

STEP 10 选择"椭圆工具" ⬭，设置填充颜色为"#ffffff"、描边颜色为"#567fe8"、描边大小为"8 点"，按住【Shift】键不放在火箭上部绘制一个正圆，再选择"直线工具" ╱，设置宽度为"5 点"，在正圆下方绘制一条直线，如图 4-34 所示。

图4-31

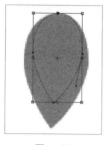

图4-32

图4-33

图4-34

STEP 11 选择"椭圆工具" ，设置填充颜色为"#567fe8"、描边颜色为"#d3d1d1"、描边大小为"3点"，按住【Shift】键不放在火箭上部绘制一个正圆，然后将该正圆所在图层移动到火箭图层的下方，将其用作底纹，如图4-35所示。

STEP 12 选择"钢笔工具" ，在图像编辑区单击鼠标左键以创建锚点，然后将鼠标指针移至该锚点右上方单击并按住鼠标左键向右拖曳，以创建曲线，如图4-36所示。

STEP 13 选择"横排文字工具" ，将鼠标指针移动到路径上方，当鼠标指针呈/ 形状时，输入"HUO JIAN REN"文字，设置字体为"方正综艺简体"、文字颜色为"#567fe8"、文字大小为"22"，调整字距和位置，如图4-37所示。

STEP 14 选择"横排文字工具" ，输入"火箭人"文字，设置字体为"方正综艺简体"、文字颜色为"#567fe8"、文字大小为"80点"，调整字距和位置，如图4-38所示。最后保存文件。

图4-35

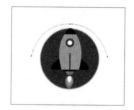

图4-36

图4-37

图4-38

4.2.2 认识路径和锚点

路径可以根据线条的类型分为直线路径和曲线路径，也可以根据起点与终点的位置分为开放路径和闭合路径。路径主要由曲线或直线、锚点和控制柄组成，如图4-39所示。

- 锚点：锚点是连接线段的点。当锚点显示为黑色实心时，表示该锚点为选择状态，可以进行编辑；而显示为空心时，则表示该锚点未被选择，不能被编辑。路径中的锚点主要有平滑点、角点两种类型，其中平滑点可以形成曲线，如图4-40所示；角点可以形成直线或转角曲线，如图4-41所示。
- 控制柄：选择平滑点时，该锚点上将出现控制柄，用于调整直线或曲线的位置、长短和弯曲度等。

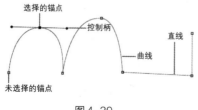

图4-39

图4-40

图4-41

在 Photoshop 中绘制的路径都将显示在"路径"面板中，选择【窗口】/【路径】命令，可打开"路径"面板。在其中可对路径进行存储、用前景色填充路径、用画笔描边路径、将路径作为选区载入、从选区生成工作路径、添加图层蒙版、创建新路径、删除当前路径等操作。

4.2.3 钢笔工具组

钢笔工具组是 Photoshop 中常用的路径绘制工具，能够较自由地绘制并编辑丰富的路径，也常用于抠取图像。钢笔工具组包括钢笔工具和自由钢笔工具两种工具。

1. 钢笔工具

使用"钢笔工具" 可以绘制直线和曲线两种类型的线条，其绘制方法也不同。

● 绘制直线：在图像编辑区单击鼠标左键可产生锚点，再次单击鼠标左键可在生成的锚点之间绘制出一条直线段，如图 4-42 所示。

● 绘制曲线：在图像编辑区按住鼠标左键不放并拖曳，可生成带控制柄的锚点，释放鼠标左键后，继续在其他位置按住鼠标左键并拖曳，创建第 2 个锚点，就能在两个锚点之间生成曲线，如图 4-43 所示。在使用"钢笔工具" 绘制路径时，按住【Alt】键在锚点上单击鼠标左键可使其在角点和平滑点之间转换，以便绘制直线和曲线并存的路径。

使用"钢笔工具" 绘制路径时，将鼠标指针移至路径的起点处，当鼠标指针变为 形状时，单击鼠标左键可闭合路径；若当前绘制的路径是一个未闭合的路径，则将鼠标指针移至另一条未闭合的路径的端点上，当鼠标指针变为 形状时，在端点上单击鼠标左键，可将两条路径连接成一条路径。若要结束绘制一段开放式路径，则按住【Ctrl】键，将"钢笔工具" 转换为"直接选择工具" ，然后在画面空白处单击鼠标左键，或直接按【Esc】键。

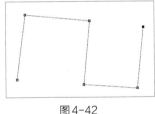

图 4-42

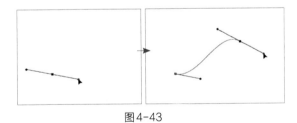

图 4-43

2. 自由钢笔工具

选择"自由钢笔工具" ，可以直接在图像编辑区按住鼠标左键并拖曳来绘制路径，这样还会自动为路径添加锚点，释放鼠标左键即绘制完成。

4.2.4 编辑路径和锚点

完成路径的绘制后，若绘制的效果不符合需求，则可使用工具编辑路径和锚点。

1. 编辑路径

选择"路径选择工具" ，将鼠标指针移至路径上并单击鼠标左键，即可选中整个路径及路径上的所有锚点，在其上按住鼠标左键拖曳可移动该路径，如图 4-44 所示；也可按【Ctrl+T】组合键进入自由变换状态，调整周围的变换框以改变路径形状，如图 4-45 所示。若要删除路径，则直接在选择路径后按【Delete】键。

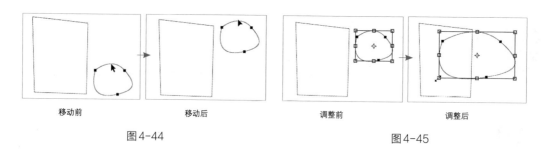

移动前　　　　　　　移动后　　　　　　　调整前　　　　　　　调整后

图4-44　　　　　　　　　　　　　　　图4-45

若要选择多段连续的路径，则按住【Shift】键，若要选择多段不连续的路径，则按住【Ctrl】键。另外，若要复制路径，则选择路径后按住【Alt】键的同时，按住鼠标左键拖曳，拖曳到目标位置后释放鼠标左键即可。

2. 编辑锚点

选择"直接选择工具"，先在路径上单击鼠标左键以显示所有锚点，然后在需要编辑的锚点处单击即可选择该锚点，再按住鼠标左键拖曳可移动该锚点，如图4-46所示；选择锚点后，调整控制柄的长度和方向，可以控制该锚点所连接路径的形状，如图4-47所示。

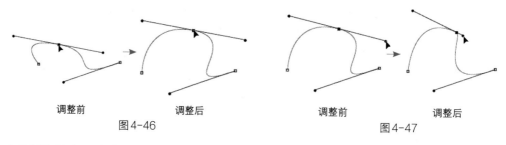

调整前　　　　　　　调整后　　　　　　　调整前　　　　　　　调整后

图4-46　　　　　　　　　　　　　　　图4-47

在绘制路径时，可根据需求显示或隐藏路径。其操作方法为：在"路径"面板中选择路径，可显示选择的路径；若需要隐藏路径，则可在"路径"面板之外的任意地方单击鼠标左键，或按【Ctrl+Shift+H】组合键。

知识拓展　　选择"添加锚点工具"，将鼠标指针移至路径上并单击鼠标左键，可以添加锚点；若锚点过多，则可选择"删除锚点工具"，将鼠标指针移至锚点上并单击鼠标左键，删除该锚点；若锚点无法进行平滑操作，则可选择"转换点工具"，将鼠标指针移至锚点上并单击鼠标左键，使锚点在平滑点和角点之间转换。

4.2.5 填充与描边路径

绘制路径后，还可以对路径进行填充与描边操作，以制作出各种效果的图像。

1. 填充路径

填充路径与填充选区相似。选择路径后，单击鼠标右键，在弹出的快捷菜单中选择"填充路径"命令，打开"填充路径"对话框，在其中可设置填充内容、混合和渲染等参数。设置羽化半径参数，可在填充时调整路径边缘的柔和程度。

2. 描边路径

描边路径可以使用画笔工具、铅笔工具等工具沿着路径边缘进行描边。其操作方法为：选择路径后，单击鼠标右键，在弹出的快捷菜单中选择"描边路径"命令，打开"描边路径"对话框，在其中的"工具"下拉列表中选择需要的描边工具选项后，单击 确定 按钮。

> 🔔 **提示**
>
> 需要填充或描边路径时，也可以先将路径转换为选区，然后按选区的编辑方法进行填充、描边等操作。其操作方法为：选择路径后，在"路径"面板下方单击"将路径作为选区载入"按钮，或在图像编辑区的路径上单击鼠标右键，在弹出的快捷菜单中选择"建立选区"命令，打开"建立选区"对话框，在其中设置羽化半径等参数后，单击 确定 按钮，然后使用"填充"或"描边"命令。

4.2.6 存储路径

默认情况下，在Photoshop中绘制的路径都将作为对象放置在"路径"面板中，并以"工作路径"为名称显示，而"工作路径"只是一种临时的路径，此时需要存储路径以避免被误删。其操作方法为：在"路径"面板中的工作路径名称上双击，打开"存储路径"对话框，在"名称"文本框中输入名称，单击 确定 按钮，将路径存储在文件中，以便随时进行编辑。

4.3
绘制形状图形

若需绘制基本图形，则可使用Photoshop中的形状工具组，其绘制的图形具有矢量特性，放大或缩小后不失真，适用于需要精确度和清晰度的设计场景。

4.3.1 课堂案例——绘制相机App图标

【制作要求】某公司开发了一款相机App，准备对该App的图标进行设计，要求尺寸为200像素×200像素，效果简洁、美观。

【操作要点】使用"圆角矩形工具""矩形工具""椭圆工具"绘制图标。参考效果如图4-48所示。

【效果位置】配套资源:\效果文件\第4章\课堂案例\相机App图标.psd

本案例具体操作如下。

图4-48

STEP 01 新建大小为"200像素×200像素"、分辨率为"72像素/英寸"、颜色模式为"RGB颜色"、背景颜色为"白色"、名称为"相机App图标"的文件。

STEP 02 选择"圆角矩形工具" ，在工具属性栏的"填充"下拉列表中先单击■按钮，再单击右侧的■按钮，在打开的"拾色器（填充颜色）"对话框中设置颜色为"#a9dff1"，单击 确定 按钮完成设置。返回工具属性栏，再在右侧的"描边"下拉列表中单击 按钮，取消描边。

STEP 03 将鼠标指针移至图像编辑区，单击鼠标左键打开"创建圆角矩形"对话框，在其中设置参数，如图4-49所示。然后单击 确定 按钮创建圆角矩形，作为相机的主体形状，如图4-50所示。

视频教学：
绘制相机App
图标

STEP 04 使用"圆角矩形工具" 创建一个填充颜色相同、无描边，且宽度、高度、半径分别为"24像素""12像素""2像素"的圆角矩形，然后将其移至步骤3创建的圆角矩形右上方，效果如图4-51所示。

STEP 05 选择"矩形工具" ，设置填充颜色为"#ef4e73"，取消描边，然后创建一个宽度、高度分别为"170像素""46像素"的矩形，如图4-52所示。

图4-49　　　　　　图4-50　　　　　　图4-51　　　　　　图4-52

STEP 06 选择"椭圆工具" ，设置填充颜色为"#4a4650"、描边颜色为"#ffffff"、描边宽度为"5像素"，按住【Shift】键的同时在画面中按住鼠标左键拖曳，绘制正圆图形，释放鼠标左键即可完成绘制。然后使用"移动工具" 将其移至画面中间，如图4-53所示。若绘制的形状过大或过小，则可按【Ctrl+T】组合键进入自由变换状态进行调整。

STEP 07 选择"椭圆工具" ，设置填充颜色为"#ffffff"，取消描边，先在正圆左上角位置绘制一个较小的正圆，再在相机左上角位置绘制一个正圆，然后使用"圆角矩形工具" 在相机左上角正圆右侧绘制一个圆角矩形，效果如图4-54所示。

STEP 08 选中步骤06绘制的正圆所在图层，双击右侧的空白区域，打开"图层样式"对话框，勾选"投影"复选框，设置图4-55所示的参数，单击 确定 按钮，发现正圆的立体感增强。完成后查看最终效果，如图4-56所示。然后按【Ctrl+S】组合键保存文件。

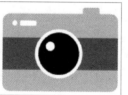

图4-53　　　　　　图4-54　　　　　　图4-55　　　　　　图4-56

4.3.2 矩形工具

"矩形工具" 可用于绘制矩形、正方形，其工具属性栏如图4-57所示。在"绘图模式"下拉列表中可选择绘图模式，包括形状、路径和像素3种，然后设置填充颜色、描边颜色、描边宽度、描边类型。按住鼠标左键拖曳，可绘制矩形，如图4-58所示；按住【Shift】键的同时按住鼠标左键拖曳，可绘制正方形，如图4-59所示；按住【Alt】键的同时按住鼠标左键拖曳，可以以单击点为中心绘制矩形；按住【Shift+Alt】组合键的同时按住鼠标左键拖曳，可以以单击点为中心绘制正方形。

图4-57

图4-58

图4-59

资源链接·
矩形工具属性栏
参数详解

4.3.3 圆角矩形工具和椭圆工具

　　"圆角矩形工具" ▣ 可用于绘制圆角矩形,"椭圆工具" ◯ 可用于绘制椭圆和正圆,其绘制方法和工具属性栏都与"矩形工具" ▣ 相似,其中"圆角矩形工具" ▣ 的工具属性栏多了"半径"栏,可设置圆角半径。按住【Shift】键的同时按住鼠标左键拖曳,可绘制圆角正方形和正圆;按住【Alt】键的同时按住鼠标左键拖曳,可以以单击点为中心绘制圆角矩形和圆;按住【Shift+Alt】组合键的同时按住鼠标左键拖曳,可以以单击点为中心绘制圆角正方形和正圆。

4.3.4 多边形工具

　　"多边形工具" ◉ 可用于绘制具有不同边数的正多边形和星形,其绘制方法和工具属性栏都与"矩形工具" ▣ 相似,但增加了"边数"文本框 ⊕ 5 ,用于设置形状的边数。在工具属性栏中单击"设置"按钮 ✿,打开图4-60所示的下拉列表,在其中可设置更多参数。

半径:
□ 平滑拐角
□ 星形
缩进边依据:
□ 平滑缩进

图4-60

- 半径:用于设置绘制形状的半径数值。
- 平滑拐角:勾选该复选框,将创建有平滑拐点效果的形状,如图4-61所示。
- 星形:勾选该复选框,可绘制星形,并激活相关属性的设置。
- 缩进边依据:用于设置星形的缩进距离。图4-62所示为"30"缩进距离;图4-63所示为"80"缩进距离。
- 平滑缩进:用于调整平滑程度。勾选"星形"复选框后,可对平滑程度进行调整。

图4-61

图4-62

图4-63

4.3.5 直线工具

"直线工具" ✏ 可用于绘制具有不同粗细、颜色、箭头的直线，其绘制方法和工具属性栏都与"矩形工具" ▢ 相似，但增加了"粗细"参数，用于设置直线的粗细。在工具属性栏中单击"设置"按钮 ⚙，打开图 4-64 所示的下拉列表，在其中可设置更多参数。

- 起点、终点：勾选相应的复选框，可为绘制直线的起点或终点添加箭头。
- 宽度、长度：用于设置箭头宽度和长度与直线宽度的百分比。图 4-65 所示为"400%"宽度的效果；图 4-66 所示为"600%"宽度的效果。
- 凹度：用于设置箭头的宽度凹陷程度。该数值为 0% 时，箭头宽度平齐；该数值大于 0% 时，箭头宽度将向内凹陷，如图 4-67 所示；该数值小于 0% 时，箭头宽度将向外凸起，如图 4-68 所示。

箭头		
□ 起点	□ 终点	
宽度:	500%	
长度:	1000%	
凹度:	0%	

图4-64

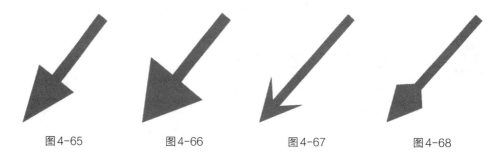

图4-65　　　　　图4-66　　　　　图4-67　　　　　图4-68

4.3.6 自定形状工具

"自定形状工具" 🖾 用于创建预设的形状图形。在工具属性栏中单击"形状"下拉按钮 ⬇，在打开的下拉列表中可选择形状进行绘制；单击右上角的"设置"按钮 ⚙，在打开的下拉列表中可选择其他类型的形状组。

🔔 提示

在"形状"下拉列表中单击"设置"按钮 ⚙，在打开的下拉列表中还可选择"载入形状"选项，用于导入外部的形状文件。

4.4
综合实训——制作"闹钟"App图标

某公司开发的一款"闹钟"App 即将更新版本，新版本拥有更加简洁的交互设计和功能布局，操作更加便捷；同时也准备制作全新的图标，要求新图标美观，能给人耳目一新的感觉。表 4-1 所示为"闹钟"App 图标制作任务单，任务单给出了明确的实训背景、制作要求、设计思路和参考效果等。

表 4-1 "闹钟" App 图标制作任务单

实训背景	某公司需要制作"闹钟"App图标，设计效果要简洁、美观，其形状要体现App特点
尺寸要求	200 像素 ×200 像素
数量要求	1 个
制作要求	1. 样式设计 该 App 的名称是"闹钟"，因此可将图标的主体图形设计为闹钟的形状 2. 色彩设计 图标中的颜色不宜过多，可选取紫色和白色
设计思路	使用"椭圆工具"  绘制闹钟的主要外观,然后使用"圆角矩形工具"绘制刻度、时针和分针，最后使用"钢笔工具"绘制闹钟周围的装饰图形
参考效果	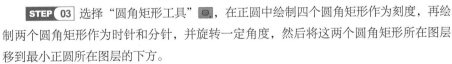
效果位置	配套资源 :\ 效果文件 \ 第 4 章 \ 综合实训 \ "闹钟" App 图标 .psd

本实训的操作提示如下。

STEP **01** 新建大小为"200 像素 ×200 像素"、分辨率为"72 像素 / 英寸"、颜色模式为"RGB 颜色"、背景颜色为"白色"、名称为"'闹钟'App 图标"的文件。

STEP **02** 选择"椭圆工具"，设置填充颜色为"#ffffff"、描边颜色为"#c7a1de"、描边宽度为"8 点"，在画面中绘制一个正圆，然后复制该正圆，将其等比例缩小，并修改描边宽度为"2 点"。取消描边，再在正圆中心绘制一个小的正圆。

STEP **03** 选择"圆角矩形工具"，在正圆中绘制四个圆角矩形作为刻度，再绘制两个圆角矩形作为时针和分针，并旋转一定角度，然后将这两个圆角矩形所在图层移到最小正圆所在图层的下方。

STEP **04** 新建图层，使用"钢笔工具"在闹钟周围绘制装饰形状，并填充"#c7a1de"颜色。

STEP **05** 使用"圆角矩形工具"绘制一个圆角正方形，填充"#601986"颜色，并应用"投影"图层样式制作立体效果，然后将其置于"图层"面板"背景"图层的上一层位置，最后按【Ctrl+S】组合键保存文件。

4.5 课后练习

练习 1 绘制风景插画封面

【制作要求】某出版社准备出版一本名为《你眼中的风景》的图书，要求设计图书封面，尺寸为"210 毫米 ×291 毫米"，封面效果要为手绘的风景插画。

【操作提示】先制作渐变的背景，然后使用画笔工具绘制云彩，使用钢笔工具绘制树木形状和鸟，最后绘制矩形并输入文字。参考效果如图 4-69 所示。

【效果位置】配套资源:\ 效果文件 \ 第 4 章 \ 课后练习 \ 风景插画封面 .psd

练习 2 绘制海上日出插画

【制作要求】某文创公司准备开启针对新年份的日历制作项目，除了日历的文字、版式设计，还需要专门设计其中的插画。考虑到新年新气象，公司决定以"海上日出"为主题设计一月份的插画。

【操作提示】制作时可以使用钢笔工具和形状工具绘制插画中的图形。参考效果如图 4-70 所示。

【效果位置】配套资源:\ 效果文件 \ 第 4 章 \ 课后练习 \ 海上日出插画 .psd

图 4-69

图 4-70

第  章

修饰与修复图像

在平面设计中，如果使用的图像存在诸如明暗关系不清晰、画面有污点或褶皱，以及画面中有多余物体等瑕疵，那么最好先对图像进行修饰与修复，去除图像中的瑕疵，提升图像品质。而 Photoshop 中的修饰与修复图像工具，如加深工具、减淡工具、模糊工具、锐化工具、海绵工具、图章工具组等，可完成图像的处理操作。

📖 学习要点

◎ 掌握使用加深工具、减淡工具、模糊工具、锐化工具、海绵工具等工具修饰图像的方法。

◎ 掌握使用图章工具组、污点修复画笔和修复画笔工具、修补工具等工具修复图像的方法。

◇ 素养目标

◎ 提高处理图像瑕疵的能力。

◎ 培养细心观察的能力，善于发现图像蕴含的美。

◈ 扫码阅读

案例欣赏

课前预习

修饰图像

在进行图像处理的过程中，对于一些主体物和背景无法区分、层次不分明的图像，以及明暗对比不够强烈，或是由光线原因造成色彩过暗等情况，可以通过 Photoshop 中的修饰图像工具，包括模糊工具、锐化工具、加深工具、减淡工具、海绵工具等进行处理，营造主体物与背景间的一种前实后虚的效果，避免背景喧宾夺主，从而使整个画面效果更加和谐统一。

5.1.1 课堂案例——处理护肤品图片

【制作要求】某护肤品图片由于拍摄时光线的问题，拍摄效果整体过暗，商品颜色不够鲜明，树枝和花朵纹理明显，不能很好地凸显商品特点，需要先调整整张图片的色调，再处理明暗关系，提高图片的对比度。

【操作要点】使用减淡工具处理整个图片的色调，使用海绵工具提高商品的饱和度，使用模糊工具虚化背景，使用锐化工具增加商品的立体感。参考效果如图5-1所示。

【素材位置】配套资源:\素材文件\第5章\课堂案例\护肤品图片.png

【效果位置】配套资源:\效果文件\第5章\课堂案例\护肤品图片.psd

本案例具体操作如下。

STEP 01 打开"护肤品图片.png"素材文件，如图5-2所示。从图中可以看出整个图片色调偏暗，需要进行提亮。

调整前　　　　　　调整后

图5-1

STEP 02 按【Ctrl+J】组合键复制图层，选择"减淡工具"🔍，在工具属性栏中设置画笔大小为"400像素"、画笔样式为"柔边圆"、范围为"中间调"、曝光度为"50%"，然后在整个图片中涂抹，减淡整体色调，效果如图5-3所示。

STEP 03 选择"海绵工具"🔲，在工具属性栏中设置画笔大小为"50像素"、画笔样式为"柔边圆"、模式为"饱和"、流量为"50%"，然后在瓶身处涂抹，对整个瓶身部分的色调进行加色，效果如图5-4所示。

STEP 04 选择"模糊工具"💧，在工具属性栏中设置画笔大小为"200像素"、画笔样式为"柔边圆"、强度为"50%"，然后在右侧背景部分涂抹，模糊整个图片的背景，效果如图5-5所示。

STEP 05 选择"锐化工具"△，在工具属性栏中设置画笔大小为"60像素"、画笔样式为"柔边圆"、强度为"50%"，然后在瓶身处涂抹，增加瓶身的立体感，效果如图5-6所示。

STEP 06 由于处理后的图像对比度不强，因此还需要调整其对比度。选择【窗口】/【调整】命令，打开"调整"面板，单击"曲线"按钮🔲，打开"曲线"属性面板，在中间区域单击鼠标左键添加调整点，然后向上拖曳调整点，增加对比度，效果如图5-7所示。完成后按【Ctrl+S】组合键保存图片。

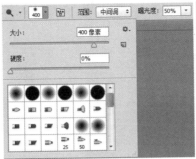

图5-2　　　　　　　　　　　　　图5-3　　　　　　　　　　　　　图5-4

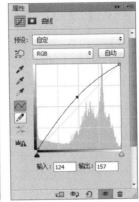

图5-5　　　　　　　图5-6　　　　　　　　　　图5-7

5.1.2 加深工具和减淡工具

当图像的明暗对比不够强烈，局部过亮或过暗时，可使用"减淡工具"提高图像的曝光度来提高涂抹区域的亮度，使用"加深工具"降低图像的曝光度来降低涂抹区域的亮度。

选择"加深工具"或"减淡工具"，在工具属性栏中可设置工具参数。图5-8所示为"减淡工具"的工具属性栏；图5-9所示为"加深工具"的工具属性栏。其中，"范围"下拉列表主要用于选择要修改的色调区域，选择"阴影"选项可加深图像中的暗色调；选择"中间调"选项可加深图像中的中间色调；选择"高光"选项可加深图像中的亮色调。"曝光度"数值框中的数值越高，加深效果越明显。勾选"保护色调"复选框，在进行加深操作时，可避免颜色过于饱和而出现溢色。设置完参数后在图像中单击鼠标左键，或按住鼠标左键拖曳，便可加深或减淡图像，效果如图5-10所示。

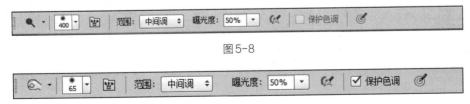

图5-8

图5-9

原图   加深图像   减淡图像

图5-10

5.1.3 模糊工具和锐化工具

  如果需要突出图像主体,模糊图像背景或锐化主体细节,则可以使用"模糊工具" 柔化图像中相邻像素之间的对比度,减少图像细节,从而使图像产生模糊效果;使用"锐化工具" ▲使模糊的图像变得更加清晰、细节鲜明。

  选择"模糊工具" 或"锐化工具" ▲,在工具属性栏中根据具体需求设置相关参数。图 5-11 所示为"模糊工具" 的工具属性栏;图 5-12 所示为"锐化工具" ▲的工具属性栏。其中,"画笔预设"下拉列表 用于设置画笔笔尖形状、大小、硬度等参数。单击"切换画笔面板"按钮 将打开"画笔"面板,在该面板中可以设置画笔大小和样式。完成设置后在图像中单击鼠标左键,或按住鼠标左键拖曳,能使图像产生模糊或锐化效果,如图5-13所示。

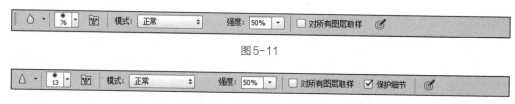

图5-11

图5-12

原图   模糊处理   锐化处理

图5-13

5.1.4 海绵工具

处理图像细节时，若想调整图像整体或局部的饱和度，则可使用"海绵工具" 为指定的图像区域加色（提高饱和度）或减色（降低饱和度）。

选择"海绵工具" ，在工具属性栏中根据具体需要设置相关参数。图5-14所示为"海绵工具" 的工具属性栏。其中，"模式"下拉列表用于设置编辑区域的饱和度变化方式，选择"饱和"选项可提高色彩的饱和度；选择"降低饱和度"选项可降低色彩的饱和度。"流量"数值框用于设置吸取颜色或加色的强度，数值越大，指定图像区域的饱和度变化强度越大。在图像中单击鼠标左键或按住鼠标左键拖曳，可调整图像的饱和度，如图5-15所示。

图5-14

原图　　　　　　　　　　提高色彩饱和度　　　　　　　　　降低色彩饱和度

图5-15

5.1.5 涂抹工具

如果图像中不同颜色之间的边界生硬，或颜色之间过渡不佳，则可以使用"涂抹工具" 将图像颜色变得柔和，模拟出手指在图像中涂抹产生颜色流动的效果。

选择"涂抹工具" ，在工具属性栏中根据需要可设置相关参数。图5-16所示为"涂抹工具" 的工具属性栏。其中，"模式"用于设置涂抹后的混合模式，包括"正常""变暗""变亮""色相""饱和度""颜色""明度"7种。"强度"数值框用于设置涂抹强度。勾选"手指绘画"复选框，可为涂抹的图像叠加前景色，在图像中按住鼠标左键拖曳，能朝拖曳鼠标的方向涂抹画面内容，如图5-17所示。

图5-16

原图　　　　　　　　　　　涂抹地毯　　　　　　　　　　涂抹后的效果

图5-17

修复图像

在平面设计中，常常会使用人物或各类商品图像，而直接拍摄的图像可能存在一些瑕疵，如图像中的人物面部有皱纹、斑点，毛孔粗大等，商品图像背景中有多余杂物等，此时可使用修复工具对图像进行修复，以有效消除图像中的缺陷，使最终作品更具吸引力和美观度。

5.2.1 课堂案例——修复人物照片的瑕疵

【制作要求】某广告需要运用到一张人物照片，但该照片存在瑕疵，要求修复照片中的瑕疵，如痘痘、斑点、皱纹等，使人物面部肌肤更加光滑细腻。在修复过程中，要保留人物的原有特点和个性，避免过度处理导致失真。

【操作要点】使用污点修复画笔工具、修补工具、仿制图章工具、红眼工具修复瑕疵。参考效果如图 5-18 所示。

【素材位置】配套资源 :\ 素材文件 \ 第 5 章 \ 课堂案例 \ 人物 .jpg

【效果位置】配套资源 :\ 效果文件 \ 第 5 章 \ 课堂案例 \ 人物 .psd

调整前　　　　　　　　　　　　　　　调整后

图5-18

本案例具体操作如下。

STEP 01 打开"人物 .jpg"素材文件，如图 5-19 所示。按【Ctrl+J】组合键复制图层。选择"污点修复画笔工具" ，在工具属性栏中设置污点修复画笔的大小为"40"，单击选中"内容识别"单选项，勾选"对所有图层取样"复选框，放大显示人物图像，如图 5-20 所示。

STEP 02 在脸部右侧单击确定一点，按住鼠标左键向右下方拖曳，发现修复画笔显示一块灰色区域，释放鼠标左键即可看见灰色区域的斑点已经消失。若是修复单独的某个斑点，则可在其上单击以完成修复操作，如图 5-21 所示。

视频教学：
修复人物照片的
瑕疵

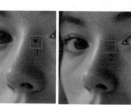

图5-19　　　　　　　　　　图5-20　　　　　　　　　　图5-21

STEP 03 使用"污点修复画笔工具" 沿着鼻子的轮廓涂抹，修复鼻子上的斑点。这里应注意避免修复过程中颜色不统一，导致再次出现大块的污点。另外，在修复过程中还需单独对某个斑点进行单击修复，避免鼻子不对称的现象出现，如图 5-22 所示。

STEP 04 选择"修补工具" ，在工具属性栏中单击"新选区"按钮 ，在"修补"下拉列表中选择"正常"选项，单击选中"源"单选项，完成后将右侧脸部放大，如图 5-23 所示。

STEP 05 在需要修补的右侧脸部处单击鼠标左键并拖曳，绘制一个闭合的形状，将需要修补的位置圈住，当鼠标变为 形状时，按住鼠标左键向右拖曳，以脸部其他部分的颜色为样本进行修补。注意修补时不要拖曳鼠标太远，否则容易造成颜色不统一，如图 5-24 所示。

图 5-22　　　　　　　　　图 5-23　　　　　　　　　图 5-24

STEP 06 使用相同的方法对脸部的其他区域进行修补，消除其中的斑点，让皮肤变得更加细腻。修补完成后的效果如图 5-25 所示。

STEP 07 选择"仿制图章工具" ，在工具属性栏中设置画笔大小为"50"，在"模式"下拉列表中选择"滤色"选项，完成后将左侧眼部放大，如图 5-26 所示。

STEP 08 在左侧眼睛下方按住【Alt】键，发现鼠标指针呈 形状，单击图像上需要取样的位置。这里单击左侧脸部相对平滑的区域，将指针移动到眼睛下方，单击鼠标左键并拖曳，修复眼部的细纹，如图 5-27 所示。

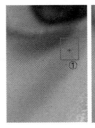

图 5-25　　　　　　　　　图 5-26　　　　　　　　　图 5-27

知识
拓展

　　使用"仿制图章工具" 和"修复画笔工具" 时，按住【Alt】键在图像中单击取样图像后，将鼠标指针移至其他位置，拖曳鼠标进行涂抹的同时，图像中会出现一个圆形指针和一个十字形指针，圆形指针代表正在涂抹的区域，该区域的内容是从十字指针所在位置的图像上复制的。在操作时，注意两个指针始终保持间距相同，只要观察十字形指针位置的图像内容，便可知道即将涂抹出来的图像内容。

STEP 09 使用相同的方法对眼部的其他区域进行修补和修复以去除细纹，修复时可灵活使用其他工具，让眼部皮肤更加自然，如图 5-28 所示。

STEP 10 选择"红眼工具" ，在工具属性栏中设置瞳孔大小为"50%"、变暗量为"50%"，完成后将左侧眼部放大，并在眼部的红色区域单击，如图5-29所示。

STEP 11 此时单击处呈黑色显示，继续单击红色周围，使红色的瞳孔完全呈黑色显示。使用相同的方法在另一只眼睛处单击，去除红眼效果，如图5-30所示。

图5-28

图5-29

图5-30

STEP 12 按【Ctrl+J】组合键复制图层，选择【滤镜】/【模糊】/【高斯模糊】命令，打开"高斯模糊"对话框，设置半径为"20像素"，单击 确定 按钮，此时发现整个图像呈模糊状态，如图5-31所示。

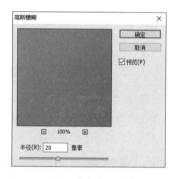

图5-31

STEP 13 选择"历史记录画笔工具" ，在工具属性栏中设置画笔大小为"190"，在人物的头发、眼睛、嘴巴、鼻子等轮廓处涂抹，恢复原始效果，使其轮廓鲜明，如图5-32所示。

STEP 14 按【Ctrl+M】组合键，打开"曲线"对话框，将鼠标指针移动到曲线编辑框的斜线上，单击鼠标创建一个控制点，再向上方拖曳曲线以调整亮度，如图5-33所示。

STEP 15 单击 确定 按钮，返回图像窗口，即可看到调整后的效果，如图5-34所示。

图5-32

图5-33

图5-34

图像修复技术是指利用图像处理软件对有缺陷的图像进行智能修复，如进行图像美化和破损照片修复等，以提升图像整体质量，满足不同用户的使用需求。修复图像时，首先需要观察图像中是否存在色调和色彩问题，若存在则先调整图像色调，再修复图像细节，如去除图像中不需要的遮挡物、修复污渍和瑕疵等。

5.2.2　图章工具组

图章工具组由"仿制图章工具" 🔲 和"图案图章工具" 🔲 组成，可以使用颜色或图案填充图像或选区，实现图像的复制或替换，在平面设计中常用于对图像中的瑕疵进行修复。

1. 仿制图章工具

使用"仿制图章工具" 🔲 可以将图像窗口中的局部图像或全部图像复制到其他图像中。选择"仿制图章工具" 🔲 ，其工具属性栏如图 5-35 所示。设置合适的画笔大小，按住【Alt】键不放，此时鼠标指针变成中心带有十字的圆圈，在原图像中单击确定要复制的取样点，此时鼠标指针变成空心圆圈。将鼠标指针移动到图像中需要覆盖的区域，按住鼠标左键反复拖曳，即可将取样点周围的图像复制到单击点周围，如图 5-36 所示。

资源链接：
仿制图章工具属性栏各选项详解

图5-35

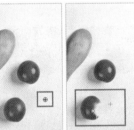

原图　　　　　　　获取取样点　修复图像　　　　　　完成后的效果

图5-36

2. 图案图章工具

使用"图案图章工具" 🔲 可以将 Photoshop 自带的图案或自定义的图案填充到图像中，效果类似于使用"画笔工具" 🖊 绘制图案。选择"图案图章工具" 🔲 ，在工具属性栏中设置画笔大小和画笔图案，然后在需要填充图案的区域按住鼠标左键拖曳可使用选择的图案填充，如图 5-37 所示。

提示

选择"图案图章工具" 🔲 ，在工具属性栏中单击 🔲 按钮，在弹出的快捷菜单中选择"载入图案"命令，可载入新的图案；选择"存储图案"命令，可将已绘制的图案存储到现有图案中。

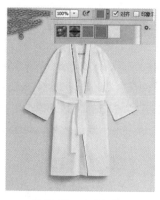

原图 　　　　　　　　选择画笔图案进行填充 　　　　　　　　完成后的效果

图5-37

5.2.3　污点修复画笔工具和修复画笔工具

若想要快速修复图像，可使用"污点修复画笔工具" 和"修复画笔工具" 来完成。

1. 污点修复画笔工具

"污点修复画笔工具" 主要用于快速修复图像中的斑点或小块杂物等。打开要修复的图像，选择"污点修复画笔工具" ，对应的工具属性栏如图5-38所示。在其中设置画笔大小、模式、类型等参数，然后在需要修复的区域按住鼠标左键拖曳，发现污点被自动修复，如图5-39所示。

图5-38

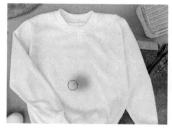

原图 　　　　　　　　涂抹污点区域 　　　　　　　　完成后的效果

图5-39

2. 修复画笔工具

"修复画笔工具" 可以利用图像中与被修复区域相似的像素或图案来修复。与"污点修复画笔工具" 的不同之处在于，"修复画笔工具" 可以从图像中的任意位置取样，并将其中的纹理、光照、透明度、阴影等与所修复的像素相匹配，从而去除图像中的污点和划痕等。选择"修复画笔工具" ，在工具属性栏的"源"栏中单击选中"取样"单选项，然后按住【Alt】键不放在图像中单击鼠标左键进行取样，再将鼠标指针移至需要修复的区域多次单击鼠标左键或拖曳鼠标进行涂抹。单击选中"图案"单选项，可通过单击鼠标左键或拖曳鼠标涂抹在区域中填充相应的图案，如图5-40所示。

资源链接：
污点修复画笔工具属性栏各选项详解

| 原图 | 获取取样点 | 修复图像 | 完成后的效果 |

图5-40

> 💡 **提示**
>
> 使用"修复画笔工具" 时，在工具属性栏中勾选"对齐"复选框，可以进行连续取样，取样点会随修复位置的改变而变化，使用取样点周围的像素点进行修复。

5.2.4 修补工具

"修补工具" 🔲可以将图像中的部分像素复制到需要修复的区域，常用于修复较复杂的纹理和瑕疵。选择"修补工具" 🔲，然后在图像中创建选区，在工具属性栏中选择修补方式，单击选中"源"单选项，将选区拖至需修复的区域后，将用当前选区中的图像修复原选区中的图像；单击选中"目标"单选项，会将原选区中的图像复制到拖曳的区域，如图 5-41 所示。

| 创建选区 | 拖曳选区 | 修补后的效果 |

图5-41

在工具属性栏的"修补"下拉列表中选择"正常"选项，勾选"透明"复选框，修复后的图像与原图像将是叠加融合的效果；反之，则是完全覆盖的效果。

> 💡 **提示**
>
> 使用"修补工具" 🔲绘制选区的方法与使用"套索工具" 🔾绘制选区的方法一样。为了绘制精确的选区，可以先使用套索工具或选框工具创建选区，然后切换到"修补工具" 🔲进行修补。

5.2.5 红眼工具

在处理人物图像时，常会遇到人物有红眼、泛白等情况，此时可利用"红眼工具" 🔴快速去掉图像中人物眼睛由于闪光灯引发的红色、白色、绿色反光斑点。选择"红眼工具" ，在工具属性栏中设置瞳孔大小、变暗量等参数。其中，"瞳孔大小"用于设置瞳孔（眼睛暗色的中心）的大小，"变暗量"用于设置使瞳孔变暗的程度。然后在红眼部分单击，便可快速去除红眼，可重复操作，如图5-42所示。

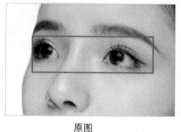
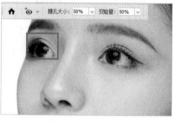

原图　　　　　　　　修复画面左侧眼睛　　　　　　　完成后的效果

图5-42

知识拓展

"内容感知移动工具" 的作用与"修补工具" 类似，可以在移动或扩展图像时，使新图像与原图像较为自然地融合。打开要修复的图像，选择"内容感知移动工具" ，在工具属性栏中设置模式，选择"移动"模式，沿着需要移动的图像绘制选区，按住鼠标左键不放，将其拖曳到目标位置，发现框选的图像将移动到需要的位置，原位置将自动填充，如图5-43所示。选择"扩展"模式，沿着需要移动的图像绘制选区，按住鼠标左键不放，将其拖曳到目标位置，发现框选的图像将复制到需要的位置，原位置的图像不变。

框选移动对象　　　　　　移动对象　　　　　　查看移动效果

图5-43

综合实训

5.3.1　制作饮料海报

随着炎炎夏日的到来，"冰爽乐园"饮品店将在本市繁华的商业街区开业。为了吸引顾客，提升品牌知名度，并给顾客带来实实在在的优惠，店家决定在开业期间推出一项特别的促销活动——"夏季冰饮，开业半价优惠"。为了有效宣传这一活动，店家委托专业的设计团队制作一张宣传海报。表5-1所示为饮料海报制作任务单，任务单给出了明确的实训背景、制作要求、设计思路和参考效果等。

表 5-1 饮料海报制作任务单

实训背景	某饮品店准备进行开业促销活动，要求以"夏季冰饮，开业半价优惠"为活动主题，制作宣传海报
尺寸要求	29.7 厘米 ×42 厘米，分辨率为 150 像素 / 英寸
数量要求	1 张
制作要求	1. 设计风格与元素 以"冰爽夏日"为主题，整体设计风格需体现清新、凉爽的夏日氛围，并使用店家主推的水果冰饮作为海报主体素材，确保图像清晰、色彩鲜艳，能够吸引顾客的注意力 2. 文字内容 标题需使用醒目、大气的字体和颜色，确保在海报中占据显眼位置。海报中还要展示促销信息，字体清晰易读，内容准确无误 3. 排版与布局 排版需简洁明了，避免过于拥挤或杂乱无章，确保顾客能够迅速获取关键信息
设计思路	在设计时先添加素材，然后分别使用海绵工具、减淡工具、加深工具等处理图像，最后添加文字内容
参考效果	
素材位置	配套资源 :\ 素材文件 \ 第 5 章 \ 综合实训 \ "饮料海报"文件夹
效果位置	配套资源 :\ 效果文件 \ 第 5 章 \ 综合实训 \ 饮料海报 .psd

本实训的操作提示如下。

STEP 01 新建一个大小为"29.7 厘米 ×42 厘米"、分辨率为"150 像素 / 英寸"、颜色模式为"RGB 颜色"、名称为"饮料海报"的文件。打开"背景 .jpg"和"饮料 .psd"素材，使用"移动工具"　分别将素材图像拖到新建的文件中。

STEP 02 使用"海绵工具"　对饮料图像做加色处理，提高图像饱和度。

STEP 03 使用"减淡工具"　涂抹饮料图像中的亮部。再使用"加深工具"　涂抹饮料图像的暗部，增加图像的层次感。

视频教学：
制作饮料海报

STEP 04 置入"文字 .png"素材，将其移动到海报右侧，打开"草莓 .psd"素材，将其移动到海报右侧，并使用"画笔工具" ✍ 在草莓图像下方绘制投影效果。完成后按【Ctrl+S】组合键保存文件。

5.3.2 修复人像

某摄影馆近期要制作一款写真集，并成功拍摄了一组精美的人物写真。在后期审片过程中，发现由于拍摄时光线、角度等因素的影响，人物面部存在一些细微的瑕疵，影响到最终作品的美观度和质感。因此，摄影馆决定修复这些瑕疵，使人物肌肤变得更加细腻干净，提升写真的整体美观度。表 5-2 所示为修复人像任务单，任务单给出了明确的实训背景、制作要求、设计思路和参考效果等。

表 5-2 修复人像任务单

实训背景	某摄影馆拍摄了一组人物写真，但由于人物面部有些瑕疵，因此需要修复这些瑕疵，使人物肌肤变得更加细腻干净，提升写真美观度
数量要求	1 张
制作要求	针对人物面部瑕疵进行精细修复，包括去除色斑、皱纹等。在修复过程中应注意保持肌肤的自然纹理和色泽，避免过度处理或留下明显痕迹。修复后的肌肤应呈现细腻、光滑的效果，同时保留人物原有的特色和魅力
设计思路	通过污点修复画笔工具、修补工具等工具修复面部的瑕疵
参考效果	 人像修复前后的对比效果
素材位置	配套资源 :\ 素材文件 \ 第 5 章 \ 综合实训 \ 人物写真 .jpg
效果位置	配套资源 :\ 效果文件 \ 第 5 章 \ 综合实训 \ 修复人像 .psd

本实训的操作提示如下。

STEP 01 打开"人物写真 .jpg"素材文件，发现人物脸上有较多斑点，可选择"污点修复画笔工具" ✍ ，在工具属性栏中设置画笔大小，然后单击选中"内容识别"单选项。

STEP 02 按住【Alt】键不放，并向上滚动鼠标滚轮，放大画面。将鼠标指针移至人像的斑点处，然后单击鼠标左键。

STEP 03 使用与步骤 02 相同的方法修复其他斑点，注意在操作过程中可根据斑点的大小按【 [】键或【] 】键调整画笔大小，修复所有斑点。

STEP 04 放大图像观察，发现脸颊区域存在一些瑕疵，此时可选择"修补工具" ，在工具属性栏中单击"新选区"按钮 ，然后单击选中"源"单选项。

视频教学：
修复人像

STEP 05 在需要修复的区域，如鼻子右侧的脸部，按住鼠标左键拖曳以创建选区，然后将鼠标指针移至选区中，当鼠标指针变为 形状时，按住鼠标左键拖曳至较为光滑的区域，然后释放鼠标左键，发现选区内的皮肤已经发生改变，使用相同的方法继续处理脸部的瑕疵。

STEP 06 放大眼部区域，选择"修复画笔工具" ，将鼠标指针移至眼皮的平滑处，按住【Alt】键的同时单击鼠标左键进行取样，然后将鼠标指针移至眼皮的褶皱处，单击鼠标左键进行修复。

STEP 07 使用相同的方法修复眼皮的其他区域，可取样附近的像素点以更好地进行融合。

STEP 08 放大眉毛区域，选择"仿制图章工具" ，在工具属性栏中设置画笔大小为"175 像素"、硬度为"0%"、不透明度为"60%"。将鼠标指针移至眉毛较深的区域，按住【Alt】键单击取样；然后将鼠标指针移至眉毛较浅的区域，单击鼠标左键进行修复。

STEP 09 按【Ctrl+J】组合键复制图层，选择【滤镜】/【模糊】/【高斯模糊】命令，打开"高斯模糊"对话框，设置半径为"19 像素"，单击 确定 按钮。

STEP 10 选择"历史记录画笔工具" ，在工具属性栏中设置画笔大小为"190"，在人物的头发、眼睛、嘴巴、鼻子等轮廓处进行涂抹，设置不透明度为"30%"，对其他区域进行涂抹以增加立体感。

STEP 11 按【Ctrl+M】组合键，打开"曲线"对话框，将鼠标指针移动到曲线编辑框的斜线上，单击鼠标左键创建一个控制点，再向上方拖曳曲线，调整亮度。单击 确定 按钮，返回图像窗口，即可看到调整后的效果。

STEP 12 按【Ctrl+L】组合键，打开"色阶"对话框，调整色阶值后，单击 确定 按钮。

STEP 13 完成后查看最终效果，然后按【Ctrl+S】组合键保存文件，并设置名称为"修复人像"。

行业知识

　　精修人像的主要操作包括统一面部与身体之间的肤色，减少由光线导致的暗部噪点，去除皮肤因为化妆或者其他原因出现的杂黄、斑点、痘印等，淡化眼纹、法令纹和颈纹等，去除皮肤表面因为光影或其他原因出现的不平整现象等。

5.4
课后练习

练习 1 处理宠物图片

　　【制作要求】某博主拍摄了一张宠物图片，发现图片中存在一些杂物，不够美观，需要对杂物进行处理，提升美观度。

【**操作提示**】使用污点修复画笔工具、修补工具等修复宠物图片中的杂物。参考效果如图5-44所示。

【**素材位置**】配套资源:\ 素材文件 \ 第 5 章 \ 课后练习 \ 宠物 .jpg

【**效果位置**】配套资源:\ 效果文件 \ 第 5 章 \ 课后练习 \ 宠物 .psd

图5-44

练习 **2** 精修戒指商品图

【**制作要求**】某饰品店准备上新一款戒指,但拍摄的商品图片效果不太美观,不适用于商品宣传,因此需要先对其进行处理,使修饰后的戒指恢复珍珠本身的色泽,轮廓更加清晰。

【**操作提示**】处理该图片时,可使用加深和减淡工具、涂抹工具、锐化工具、钢笔工具等工具处理戒指的图像效果。参考效果如图 5-45 所示。

【**素材位置**】配套资源:\ 素材文件 \ 第 5 章 \ 课后练习 \ 戒指 .jpg

【**效果位置**】配套资源:\ 效果文件 \ 第 5 章 \ 课后练习 \ 精修戒指 .psd

图5-45

第6章

应用图层

在 Photoshop 中，掌握图层的使用是处理图像的重要操作之一。一个图像文件中可以包含一个或多个图层，并且每个图层中可以包含文本、图像等不同的内容，设计人员可以将不同的图像放置在不同的图层中，并进行编辑和管理，以便创作出独具创意的平面设计作品。

📖 学习要点

◎ 掌握新建图层和创建调整图层的方法。
◎ 掌握复制图层、移动图层、链接图层、合并图层的方法。
◎ 掌握设置图层不透明度和混合模式的方法。

◇ 素养目标

◎ 提高对合成类平面设计作品的审美能力。
◎ 培养对图像特殊效果的创新能力。

◈ 扫码阅读

案例欣赏

课前预习

6.1 新建图层

图层可以看作一张透明的纸张，需要多个图层堆叠在一起才能形成特殊的效果。因此在进行平面设计时，若想设计的效果更加美观，需要先了解如何新建图层。

6.1.1 课堂案例——制作早安海报

【制作要求】某时尚品牌为了提升品牌形象，促进与用户的互动，为品牌带来积极的营销效果，准备在微信公众号中发布大小为 1080 像素 ×1920 像素的早安海报。

【操作要点】先调整背景色调，再新建图层，最后添加文字内容。参考效果如图 6-1 所示。

【素材位置】配套资源：\ 素材文件 \ 第 6 章 \ 课堂案例 \ 海报背景 .jpg、文字 .png、人物 .png

【效果位置】配套资源：\ 效果文件 \ 第 6 章 \ 课堂案例 \ 早安海报 .psd

平面设计效果

实际应用效果

图6-1

本案例具体操作如下。

STEP 01 新建大小为 "1080 像素 ×1920 像素"、分辨率为 "72 像素 / 英寸"、颜色模式为 "RGB 颜色"、名称为 "早安海报" 的文件。

STEP 02 打开 "海报背景 .jpg" 素材文件，使用 "移动工具" ➤ 将其拖曳到 "早安海报" 文件中，并调整大小和位置，如图 6-2 所示。

STEP 03 打开 "图层" 面板，单击 "创建新图层" 按钮 ▣，新建图层，设置前景色为 "#e4ff00"，按【Alt+Delete】组合键填充前景色，并设置图层混合模式为 "颜色减淡"、不透明度为 "30%"，如图 6-3 所示。此时发现整个图像色调偏暖。

视频教学：
制作早安海报

STEP 04 选择【窗口】/【调整】命令，打开"调整"面板，单击"曲线"按钮▨，打开"曲线"属性面板，在曲线中下方区域单击添加控制点，然后向下拖曳该点，降低对比度，在曲线中上方单击添加控制点，再向上拖曳该点，提高对比度，如图6-4所示。效果如图6-5所示。

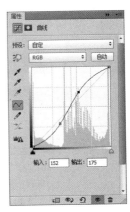

图6-2   图6-3   图6-4

STEP 05 打开"文字.png""人物.png"素材文件，使用"移动工具"▶将其中的所有素材拖曳到"早安海报"文件中，按【Ctrl+T】组合键，调整图像的大小和位置，如图6-6所示。

STEP 06 选择"横排文字工具"T，在文字下方输入"早安·你好！"文本，"图层"面板中将自动创建文本图层，如图6-7所示。

STEP 07 打开"字符"面板，设置字体为"方正标雅宋_GBK"、字体大小为"110点"，调整文字的位置和字距，最后保存文件，效果如图6-8所示。

图6-5   图6-6   图6-7   图6-8

6.1.2 认识图层

  图层是 Photoshop 中最重要的功能之一，对图像的编辑基本都是在不同的图层中完成的。用 Photoshop 制作的平面设计效果通常由多个图层合成，设计人员可以将图像的各个部分置于不同的图层中，并将这些图层叠放在一起形成完整的图像效果，还可以独立地对各个图层中的图像内容进行编辑、修改、效果处理等操作，且不影响其他图层。若想查看和管理图层，则需要在"图层"面板中进行，在该面板中可以清晰地看到图层的类型及状态，如图6-9所示。

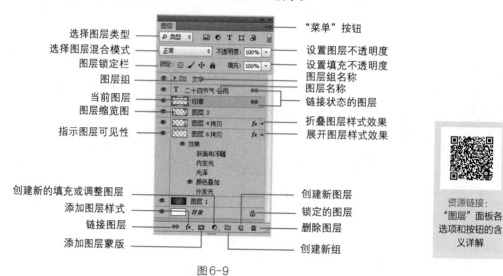

图6-9

6.1.3 新建图层

图层中可包含的元素非常多，对应的图层类型也很多，如文本图层、普通图层、背景图层、形状图层、填充图层等，且不同类型图层的新建方法也有所区别。

1. 新建普通图层

普通图层一般是指空白图层。在Photoshop中单击"图层"面板底部的"创建新图层"按钮，或选择【图层】/【新建】/【图层】命令，打开"新建图层"对话框，在其中设置图层名称、颜色、模式和不透明度参数后单击 确定 按钮，如图6-10所示。

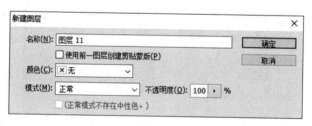

图6-10

2. 新建文本图层

文本图层是在Photoshop中输入文本时自动生成的图层，并且文本的属性和内容可以进行二次编辑。创建文本图层的方法为：使用文字工具在图像编辑区输入文本，"图层"面板中将自动创建文本图层。

3. 新建背景图层

新建文件时，Photoshop会自动新建一个背景图层，该图层始终位于"图层"面板底层，且已被锁定。Photoshop中的图像文件只允许存在一个背景图层，当文件中没有背景图层时，可选中一个图层，然后选择【图层】/【新建】/【图层背景】命令，将当前图层转换为背景图层。

在 Photoshop 中，背景图层是锁定的，因此不能进行重命名、移动等操作。若需要编辑背景图层，则要先将其转换为普通图层。其操作方法为：在"图层"面板中双击最下方的背景图层，打开"新建图层"对话框，保持默认设置不变，单击 确定 按钮。

4. 新建形状图层

使用绘制矢量图形的工具时，Photoshop 会自动创建图层，该图层即为形状图层。创建形状图层的方法为：使用形状工具组或钢笔工具组中的工具绘制矢量形状后，在"图层"面板中将自动新建名为"形状 1"的形状图层（后续建立的形状图层将自动命名为"形状 2""形状 3""形状 4"等，以此类推），并且绘制的形状会自动填充前景色。

5. 新建填充图层

Photoshop 中有 3 种填充图层，分别是纯色、渐变、图案。其中，纯色填充图层是使用一种单一的颜色来填充图层；渐变填充图层是使用渐变色来填充图层；图案填充图层是使用一种图案来填充图层。

选择【图层】/【新建填充图层】命令，在弹出的子菜单中可选择新建的图层类型命令，或单击"图层"面板底部的"创建新的填充或调整图层"按钮 ，在弹出的菜单中同样可以选择对应的填充图层命令。创建填充图层后，"图层"面板中的填充图层都自带一个图层蒙版。

🔔 提示

新建填充图层后，在"图层"面板中双击填充图层的缩览图，在打开的对话框中可重新调整填充内容。

6.1.4 创建调整图层

如果要调整某图层中图像的颜色和色调，但不对图层中的像素有实质影响，则可以创建调整图层，位于调整图层下方的所有图层都会受到该调整图层的影响。单击"图层"面板底部的"创建新的填充或调整图层"按钮 ，在弹出的下拉菜单中选择所需的调整图层命令，或选择【图层】/【新建调整图层】命令，在弹出的子菜单中选择所需的调整图层命令，再在打开的对话框中设置参数，并单击 确定 按钮。此时打开与调整图层对应的"属性"面板，在其中设置参数后，便可调整图像色彩，如图 6-11 所示。

| 选择调整图层命令 | 新建调整图层 | 进行颜色调整 |

图6-11

6.2 管理图层

为了发挥图层的功能，在进行图像处理时可巧妙地对图层进行添加、调整、隐藏或锁定等管理操作，确保设计既有节奏感又整体和谐，最终展现出层次丰富、和谐统一的效果。

6.2.1 课堂案例——制作"谷雨"推文封面

【制作要求】随着谷雨的到来，某学校官方公众号准备发布以"谷雨"为主题的推文，要求尺寸为900 像素 ×383 像素，效果具有视觉吸引力，能够凸显"谷雨"节气的特点。

【操作要点】添加素材，用作推文封面背景，然后添加其他素材，对素材进行合并及重命名，并调整图层的位置，创建图层组。参考效果如图 6-12 所示。

【素材位置】配套资源 :\ 素材文件 \ 第 6 章 \ 课堂案例 \ "谷雨素材"文件夹

【效果位置】配套资源 :\ 效果文件 \ 第 6 章 \ 课堂案例 \ "谷雨"推文封面 .psd

推文封面设计效果

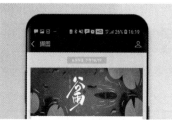
推文封面运用效果

图 6-12

本案例具体操作如下。

STEP 01 新建大小为"900 像素 ×383 像素"、分辨率为"72 像素 / 英寸"、颜色模式为"RGB 颜色"、名称为"'谷雨'推文封面"的文件。

STEP 02 选择【图层】/【新建填充图层】/【纯色】命令，打开"新建图层"对话框，单击 确定 按钮，打开"拾色器（纯色）"对话框，设置颜色为"#11c411"，单击 确定 按钮，新建填充图层，效果如图 6-13 所示。

STEP 03 选择【文件】/【置入】命令，打开"置入"对话框，选择"谷雨背景 .jpg"图像，单击 置入(P) 按钮，打开"图层"面板，设置"谷雨背景"图层的不透明度为"90%"，如图 6-14 所示。效果如图 6-15 所示。

视频教学：
制作"谷雨"
推文封面

图6-13

图6-14

图6-15

STEP 04 打开"荷叶.png"素材文件，使用"移动工具" ▶️ 将其中的所有素材拖曳到"'谷雨'推文封面"文件中，按【Ctrl+T】组合键，调整图像的大小和位置，如图6-16所示。

STEP 05 打开"小鱼.psd"素材文件，使用"移动工具" ▶️ 将其中的所有素材拖曳到"'谷雨'推文封面"文件中，按【Ctrl+T】组合键，调整图像的大小和位置，如图6-17所示。此时"图层"面板中自动添加"图层2"和"图层3"图层，如图6-18所示。

| 图6-16 | 图6-17 | 图6-18 |

STEP 06 在"图层"面板中选中"图层1"图层，按住【Ctrl】键，同时选中"图层2"和"图层3"图层，在图层上单击鼠标右键，在弹出的快捷菜单中选择"合并图层"命令，如图6-19所示。将其合并为一个图层，以减少图层数量，更便于管理图层，如图6-20所示。

STEP 07 在"图层"面板中选择"图层3"图层，选择【图层】/【重命名图层】命令（或在图层名称上双击），此时所选图层名称呈可编辑状态，在其中输入新名称"背景素材"，重命名图层名称可便于后续查找图层，如图6-21所示。

STEP 08 在"图层"面板中选择除"背景"图层外的其余所有图层，单击"锁定全部"按钮 🔒 锁定图层，避免在后续操作过程中误移动图层，如图6-22所示。

| 图6-19 | 图6-20 | 图6-21 | 图6-22 |

STEP 09 打开"谷雨文字.png、船.png、水波.png"素材文件，使用"移动工具" ▶️ 将素材依次拖曳到"'谷雨'推文封面"文件中，按【Ctrl+T】组合键，调整图像的大小和位置，并重命名图层为与素材相同的名称，如图6-23所示。

STEP 10 选择"谷雨文字"图层，按住鼠标左键向上拖曳到图层顶部，将文字置于图像顶部，如图

6-24 所示。选择"船"图层，按住鼠标左键向上拖曳到"水波"图层上方，将谷雨文字置于图像顶部，如图 6-25 所示。

STEP 11 选择"水波"图层，按住【Shift】键不放，再次选择"谷雨文字"图层，此时同时选择中间的多个图层，单击"链接图层"按钮 ⑤，链接选择的图层，如图 6-26 所示。

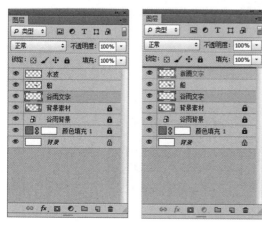

| 图6-23 | 图6-24 | 图6-25 | 图6-26 |

STEP 12 选择"谷雨文字"图层，按住【Shift】键不放，再次选择"颜色填充 1"图层，此时同时选择中间的多个图层，如图 6-27 所示。按【Ctrl+G】组合键创建图层组，双击图层组名称使其呈可编辑状态，在其中输入新名称"推文封面"，如图 6-28 所示。完成后的效果，如图 6-29 所示。

| 图6-27 | 图6-28 | 图6-29 |

行业知识

　　谷雨是二十四节气之第 6 个节气，也是春季末的节气，象征着雨水滋养谷物生长。在设计"谷雨"节气的平面作品时，可结合其寓意和民间习俗，如将摘茶、赏花等作为设计元素，也可将雨水、绿植生长等作为设计元素，通过文字与图像的融合，展现"谷雨"节气的特色，使人们更深入了解这一传统节气。此外，还应突出节气特点，遵循简洁明了的原则，传递出谷雨带来的生机与希望。

6.2.2　复制与删除图层

若需要多次使用某图层，可复制该图层；当不需要使用该图层时，可将其删除，删除该图层中的图像也会被删除。

1. 复制图层

在 Photoshop 中选择需要复制的图层后，可以通过以下 3 种方式进行复制。

- **通过按钮复制**：按住鼠标左键将其拖到"图层"面板底部的"创建新图层"按钮 ⬛ 上，释放鼠标左键后可得到复制的图层。
- **通过快捷键复制**：按【Ctrl + J】组合键，可在该图层上方得到一个复制图层。注意，若图像中创建了选区，则直接复制选区中的图像生成新图层。
- **通过命令复制**：选择【图层】/【复制图层】命令，或单击鼠标右键，在弹出的快捷菜单中选择"复制图层"命令，打开"复制图层"对话框，设置参数后单击 确定 按钮。当需要跨文件复制图层时，只需在"文档"下拉列表中选择目标文件名称的选项，然后单击 确定 按钮。需要注意的是，跨文件复制图层得到的图层并不会在名称后出现"副本"文本。若选择"新建"选项，则新建的文件与复制图层所在文件的大小一致。

2. 删除图层

删除图层有以下两种方法。

- **通过菜单命令删除**：在"图层"面板中选择要删除的图层，然后选择【图层】/【删除】/【图层】命令即可删除图层。
- **通过"图层"面板删除**：在"图层"面板中选择要删除的图层，单击"图层"面板底部的"删除图层"按钮 🗑，或直接按【Delete】键快速删除图层。

6.2.3　合并图层与盖印图层

创作复杂的平面设计作品时，一般会产生大量的图层，从而使图像文件变大，系统处理速度变慢。这时可根据需要合并图层，减少图层的数量。若需要将设置好的效果运用到其他图像文件中，则可先将其盖印为一个新图层。

1. 合并图层

合并图层就是将两个或两个以上的图层合并到一个图层上。合并图层主要有以下 3 种情况。

- **合并图层**：在"图层"面板中选择两个或两个以上要合并的图层，选择【图层】/【合并图层】命令，或按【Ctrl+E】组合键。
- **合并可见图层**：选择【图层】/【合并可见图层】命令或按【Shift+Ctrl+E】组合键，该操作不合并隐藏的图层。
- **拼合图像**：选择【图层】/【拼合图像】命令，可将"图层"面板中的所有可见图层合并，并打开对话框询问是否丢弃隐藏的图层，同时以白色填充所有透明区域。

2. 盖印图层

盖印图层是比较特殊的图层合并方法，可将多个图层的内容合并到一个新的图层中，同时保持原来的图层不变。盖印图层主要有以下 4 种情况。

- **向下盖印**：选择一个图层，按【Ctrl+Alt+E】组合键，可将该图层及其下面的图层盖印，原图层保持不变。
- **盖印多个图层**：选择多个图层，按【Ctrl+Alt+E】组合键，可将选择的图层盖印到一个新的图层中，原图层保持不变。

- 盖印可见图层：按【Shift+Ctrl+Alt+E】组合键，可将所有可见图层中的图像盖印到一个新的图层中，原图层保持不变。
- 盖印图层组：选择图层组，按【Ctrl+Alt+E】组合键，可将该图层组中的所有图层内容盖印到一个新的图层中，原图层组保持不变。

6.2.4 改变图层排列顺序

在"图层"面板中，图层是按创建的先后顺序堆叠在一起的，上面图层中的内容会遮盖下面图层中的内容。移动图层顺序可直接在"图层"面板中选择图层上下拖曳；也可以选择要移动的图层，选择【图层】/【排列】命令，在弹出的子菜单中选择需要的命令，如图 6-30 所示。

🔔 提示

如果选择的图层在图层组中，则在选择"置为顶层"或"置为底层"命令时，可将图层调整到当前图层组的最顶层或最底层。

原图　　　　　　　　　选择"置为顶层"命令　　　　　　　　完成后的效果

图6-30

6.2.5 锁定、显示与隐藏图层

在平面设计中，为了方便管理图层中的对象，可以锁定图层，以限制对某些图层的操作；如果想要单独显示或隐藏某个图层，则可直接在"图层"面板中单击图层左侧的👁图标。

1. 锁定图层

Photoshop 提供的图层锁定方式主要有以下 5 种。

- 锁定透明像素：单击"锁定透明像素"按钮▣，将只能编辑图层中存在图像的区域，而不能编辑透明区域。
- 锁定图像像素：单击"锁定图像像素"按钮✎，将只能对图像进行移动、变形等操作，而不能对图层使用画笔、橡皮擦、滤镜等。
- 锁定位置：单击"锁定位置"按钮✛，将不能移动图层。将图像移动到指定位置并锁定图层位置后，就不用担心图像的位置会发生改变。
- 锁定全部：单击"锁定全部"按钮🔒，该图层的透明像素、图像像素、位置都将被锁定。

2. 显示与隐藏图层

单击图层左侧的👁图标，可隐藏该图层中的图像；再次单击该图标，可显示该图层中的图像。

6.2.6　链接图层

链接图层是指将多个图层链接成一组，可以同时对链接的多个图层进行移动、变换和复制操作。选择两个或两个以上的图层，在"图层"面板底部单击"链接图层"按钮 或选择【图层】/【链接图层】命令，可将所选的图层链接起来，如图 6-31 所示。

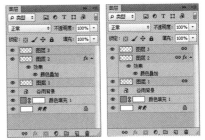

选择要链接的图层　　　链接后的效果

图6-31

6.2.7　修改图层名称和颜色

对于图层较多的文件，可在"图层"面板中修改各个图层名称，或设置不同颜色以区别不同图层，从而快速找到所需图层。

1. 修改图层名称

选择需要修改名称的图层，选择【图层】/【重命名图层】命令，或直接双击该图层的名称，使其呈可编辑状态，输入新的名称后，单击空白区域，便可完成图层名称的修改操作。

2. 修改图层颜色

选择要修改颜色的图层，在图层缩览图上单击鼠标右键，在弹出的快捷菜单中选择一种颜色，此时发现该图层的颜色已被修改，效果如图 6-32 所示。

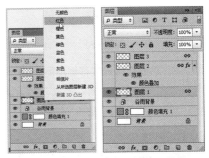

选择颜色　　　修改颜色后的效果

图6-32

6.2.8　创建与编辑图层组

当图层越来越多时，可创建图层组来进行管理，将同一属性的图层归类，从而方便快速找到需要的图层。图层组以文件夹的形式显示，可以像普通图层一样进行移动、复制、链接等操作。

1. 新建图层组

新建图层组有两种方法：一种是新建空白图层组，再将图层移动到图层组中；另一种是从所选图层创建图层组，可快速将多个图层创建在一个图层组内。

（1）新建空白图层组

选择【图层】/【新建】/【组】命令，打开"新建组"对话框，如图 6-33 所示。在该对话框中可以分别设置图层组的名称、颜色、模式、不透明度，单击 确定 按钮，在"图层"面板中创建一个空白图层组。或直接在"图层"面板中单击面板底部的"创建新组"按钮 ，快速新建一个空白图层组，如图 6-34 所示。

（2）从所选图层创建图层组

先选择需要编组的图层，然后选择【图层】/【图层编组】命令，或按【Ctrl+G】组合键编组。或先选择图层，然后选择【图层】/【新建】/【从图层建立组】命令，打开"从图层新建组"对话框，如图 6-35 所示。在其中设置图层组的名称、颜色、模式等属性，单击 确定 按钮，将所选图层创建在设置了特定属性的图层组内。

> 🔔 **提示**
>
> 　　新建图层组后，单击图层组前面的三角图标▶，可展开图层组。若要取消图层编组，则选择该图层组，然后选择【图层】/【取消图层编组】命令，或按【Shift+Ctrl+G】组合键。

图6-33　　　　　　　　　图6-34　　　　　　　　　图6-35

2. 将图层移入或移出图层组

创建图层组后，将一个图层拖入图层组中，可将其添加到该图层组中。将一个图层拖出所在图层组，可将其从该图层组中移出。

6.2.9 课堂案例——制作商品展示栏

【制作要求】某灯具店即将上新一批新产品，需要在网店首页制作大小为"1280像素×850像素"的"新品推荐"商品展示栏，要求商品排列整齐。

【操作要点】置入商品图像并对其进行栅格化处理，然后对齐与分布商品图像所在图层，使其均匀分布，最后输入文字。参考效果如图6-36所示。

【素材位置】配套资源：\素材文件\第6章\课堂案例\"商品图"文件夹

【效果位置】配套资源：\效果文件\第6章\课堂案例\商品展示栏.psd

图6-36

本案例具体操作如下。

STEP 01 新建大小为"1280像素×850像素"、分辨率为"72像素/英寸"、颜色模式为"RGB颜色"、名称为"商品展示栏"的文件。

STEP 02 置入"商品图"文件夹中的所有素材，选择所有素材所在图层，按【Ctrl+T】组合键进入自由变换状态，将鼠标指针移至变换框右上角，按住【Shift】键不放，向左下方拖曳鼠标，使其等比例缩小，按【Enter】键完成变换。

STEP 03 选择置入的商品图像，单击鼠标右键，在弹出的快捷菜单中选择"栅格

视频教学：
制作商品展示栏

化图层"命令，栅格化商品图像。

STEP 04 将所有栅格化图像以 3×2 的顺序排列在画面中，如图 6-37 所示。

STEP 05 由于图像排列凌乱，因此需要进行调整。选择第一排最左侧两张图像所在的图层，然后选择【图层】/【对齐】/【左边】命令，使两者左对齐。使用相同的方法分别通过【图层】/【对齐】命令中的"右边""顶边""底边"命令调整剩余图像的对齐方式，效果如图 6-38 所示。

图6-37

图6-38

STEP 06 观察图像可知，此时中间图像与两边图像之间的距离不等，需通过分布图像来调整。选择第一排 3 张图像所在的图层，然后选择【图层】/【分布】/【左边】命令，使中间图像位于 3 张图像的中心位置。再使用相同的方法调整第二排 3 张图像的距离，效果如图 6-39 所示。

STEP 07 调整所有图像的整体位置，为便于操作，可分别编组图层后再整体移动。选择第一排 3 张图像所在的图层，将其拖至"图层"面板下方的"创建新组"按钮 ▢ 上，创建"组 1"图层组；重复操作，为第二排 3 张图像创建"组 2"图层组。

STEP 08 新建图层，使用"矩形选框工具" ▦ 在第一排图像上方绘制一个矩形选区，并填充"#000000"颜色。

STEP 09 选择"横排文字工具" Ｔ，在工具属性栏中设置字体为"方正兰亭中黑_GBK"、文字颜色为"#000000"，在图像编辑区输入"新品推荐""更多>>"文字，适当调整文字大小和字距，效果如图 6-40 所示。最后保存文件。

图6-39

图6-40

6.2.10 对齐与分布图层

对齐图层可使图像内容对齐，分布图层则可使图像均匀分布，更便于调整。

1. 对齐图层

要将多个图层中的图像内容对齐，可使用"移动工具" 选择需要对齐的图层（2个以上），然后选择【图层】/【对齐】命令，在子菜单中选择相应的对齐命令进行对齐。子菜单中有以下6种对齐方式。需要注意的是，如果所选图层与其他图层链接，则可以对齐与之链接的所有图层。

- 顶边：可将选择图层的顶边像素与所有选择图层上最顶边的像素对齐。
- 垂直居中：可将每个选择图层的垂直中心像素与所有选择图层的垂直中心像素对齐。
- 底边：可将选择图层中的底边像素与选择图层中最底边的像素对齐。
- 左边：可将选择图层中的左边像素与最左侧图层的左边像素对齐。
- 水平居中：可将选择图层中的水平中心像素与所有选择图层的水平中心像素对齐。
- 右边：可将选择图层中的右边像素与最右侧图层的右边像素对齐。

资源链接："自动对齐图层"对话框各选项详解

2. 自动对齐图层

使用 Photoshop 中的"自动对齐图层"功能，可根据两个或两个以上图层中的相似内容自动对齐图层，但要求需对齐的图层重叠。选择【编辑】/【自动对齐图层】命令，打开图 6-41 所示的"自动对齐图层"对话框，设置其中的参数可调整图层的对齐方式，完成后单击 确定 按钮。

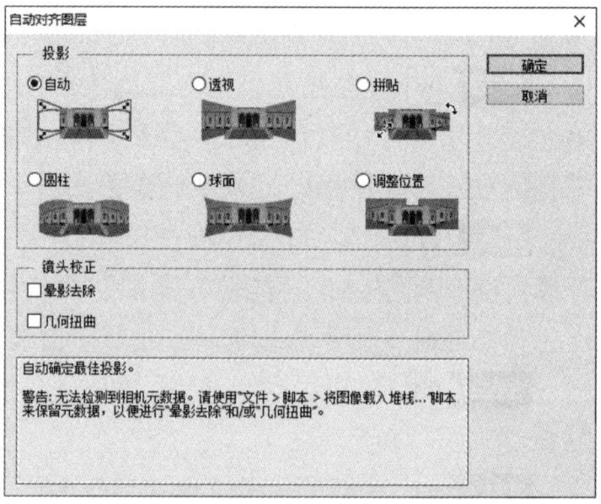

3. 分布图层

要让多个图层采用一定的规律均匀分布，可使用"移动工具" 选择均匀分布的图层（3个以上），然后选择【图层】/【分布】命令。子菜单中有以下6种分布方式。

- 顶边：从每个图层的顶边像素开始，间隔均匀地分布图层。
- 垂直居中：从每个图层的垂直中心像素开始，间隔均匀地分布图层。
- 底边：从每个图层的底边像素开始，间隔均匀地分布图层。
- 左边：从每个图层的左边像素开始，间隔均匀地分布图层。
- 水平居中：从每个图层的水平中心像素开始，间隔均匀地分布图层。
- 右边：从每个图层的右边像素开始，间隔均匀地分布图层。

图6-41

🔔 **提示**

对齐与分布图层的操作也可在"移动工具" 的工具属性栏中进行，单击 按钮组中相应的按钮来操作。

6.2.11 栅格化图层内容

要使用绘画工具编辑文字图层、形状图层、矢量蒙版、智能对象等包含矢量数据的图层，需要先将其转换为位图。转换为位图的操作即为栅格化。选择需要栅格化的图层，然后选择【图层】/【栅格化】

命令，在其子菜单中可选择栅格化图层的命令；或选择要栅格化的图层，在其上单击鼠标右键，在弹出的快捷菜单中选择"栅格化图层"命令，即可完成图层的栅格化操作。

6.3 设置图层不透明度和混合模式

在平面设计中，图层不透明度和混合模式是实现视觉层次感和创意效果的关键。调整不透明度，可以让图层内容从清晰渐变到朦胧，与背景完美融合；而选择合适的混合模式，能创造出独特且富有艺术感的画面。

6.3.1 课堂案例——制作"世界森林日"地铁广告

【制作要求】保护好大自然的环境，是人类生存与发展的重要前提。某环保组织准备为即将到来的世界森林日制作以其为主题的地铁广告，要求广告大小为 390 毫米 ×550 毫米，广告效果要能体现绿色和自然。

【操作要点】添加素材，复制背景图像并设置图层混合模式和不透明度，输入文字并添加图层样式。参考效果如图 6-42 所示。

【素材位置】配套资源 :\ 素材文件 \ 第 6 章 \ 课堂案例 \ 地铁广告素材 \

【效果位置】配套资源 :\ 效果文件 \ 第 6 章 \ 课堂案例 \"世界森林日"地铁广告 .psd

平面设计效果

实际应用效果

图6-42

本案例具体操作如下。

STEP 01 新建大小为"390 毫米 ×550 毫米"、分辨率为"72 像素 / 英寸"、颜色模式为"RGB 颜色"、名称为"'世界森林日'地铁广告"的文件。

STEP 02 打开"背景 .png、场景 .png"素材，使用"移动工具" 将"背景"素材拖曳到新建的文件中，并调整大小和位置，如图 6-43 所示。

视频教学:
制作"世界森林
日"地铁广告

STEP 03 选择"场景"所在的"图层2"图层，在"图层"面板的"正常"下拉列表中选择"颜色加深"选项，然后设置不透明度为"80%"，如图6-44所示。效果如图6-45所示。

STEP 04 再次选择"场景"所在的"图层2"图层，按【Ctrl+J】组合键复制图层，在"图层"面板的"正常"下拉列表中选择"滤色"选项，在图像编辑区向左拖曳图像，使树木形成立体效果，如图6-46所示。

图6-43	图6-44	图6-45	图6-46

STEP 05 选择"横排文字工具" T，在工具属性栏中设置字体为"方正汉真广标简体"、文字颜色为"#ffffff"，在图像编辑区输入"世""界""森""林""日"文字，依次适当调整文字大小，并使其位置错落有致，如图6-47所示。

STEP 06 双击"世"图层右侧的空白区域，打开"图层样式"对话框，勾选"渐变叠加"复选框，单击"渐变"栏右侧的色块，打开"渐变编辑器"对话框，设置渐变颜色为"#ecffc6"~"#ffffff"，单击 确定 按钮，返回"图层样式"对话框，设置角度为"90"，如图6-48所示。

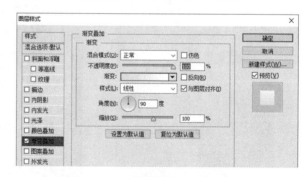

图6-47	图6-48

STEP 07 勾选"投影"复选框，设置投影颜色为"#81a08e"、不透明度为"51%"、距离为"40像素"、大小为"70像素"，单击 确定 按钮，如图6-49所示。

STEP 08 选择"世"图层，在其上单击鼠标右键，在弹出的快捷菜单中选择"拷贝图层样式"命令。选择"界"图层，在其上单击鼠标右键，在弹出的快捷菜单中选择"粘贴图层样式"命令，发现"界"图层下方粘贴了拷贝的图层样式，如图6-50所示。

STEP 09 使用相同的方法，对"森""林""日"图层粘贴图层样式，效果如图6-51所示。

STEP 10 选择"横排文字工具" T，在工具属性栏中设置字体为"思源黑体 CN"、文字颜色为"#ffffff"、字体样式为"Regular"，在图像右上方和下方输入文字，并调整文字的位置和大小，使其便于识别，如图6-52所示。

STEP 11 选择"直排文字工具" ，在工具属性栏中设置字体为"思源黑体 CN"、文字颜色为"#ffffff"、字体样式为"Regular"，在"林"文字右侧输入中文文字，并调整文字的位置和大小，如图 6-53 所示。在"世"文字左侧输入英文文字，设置字体为"方正准雅宋_GBK"、文字颜色为"#18573d"，调整文字的位置和大小，保存文件，并查看完成后的效果，如图 6-54 所示。

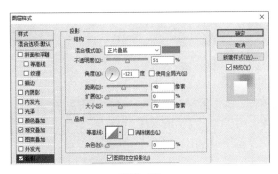

图6-49

图6-50

图6-51

图6-52

图6-53

图6-54

行业知识

　　"世界森林日"为每年的 3 月 21 日，旨在强调森林对人类和地球生态的重要性，倡导保护森林，追求人与自然和谐共生。在设计与之相关的环保公益海报时，需要注意海报应直接体现保护森林的主题，通过视觉元素如树木、动物、自然环境等，传递环保信息。色彩选择通常以绿色为主色调，代表森林和生态，同时结合其他自然色彩，营造清新、和谐的视觉效果。标题和正文应简短有力，直击人心，可以使用口号或标语，加大信息传递力度。除此之外，设计中还可展现森林的美好、动物的可爱，以及森林被破坏的悲惨场景，引发人们的情感共鸣，提高人们保护森林的意识。

6.3.2 设置图层不透明度

　　设置图层不透明度，能够实现图像从完全不透明到完全透明的渐变效果。先选择图层，然后在"图层"面板的"不透明度"数值框中输入相应的百分比值。当不透明度数值小于 100% 时，图层将展现出与下层图像的叠加效果，数值越小，透明度越高，如图 6-55 所示。而当不透明度设为 0% 时，该图层将完全透明，下层图像将完全显露。

不透明度为 100%　　　　　　　不透明度为 70%　　　　　　　不透明度为 30%

图 6-55

在"不透明度"数值框下方还有一个"填充"数值框，其作用与不透明度类似，如图 6-56 所示。但不透明度的调整是相对于整个图层的，包括图层样式都在调整的范围之内，而填充仅仅对图层自身的透明度起作用，图层样式不会受其影响。

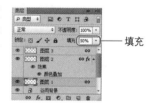

图 6-56

6.3.3　设置图层混合模式

图层混合模式是平面设计中实现图像融合与创新的关键功能，它决定了上层图层与下层图层像素的混合方式，可以塑造出独特的视觉效果。在"图层"面板"不透明度"左侧的"正常"下拉列表（见图 6-57）中可选择 6 组不同的混合模式，分别是组合模式（见图 6-58）、加深模式（见图 6-59）、减淡模式（见图 6-60）、对比模式（见图 6-61）、比较模式（见图 6-62）、色彩模式（见图 6-63）。同一组中的混合模式可以产生相近的效果或有着相似的用途。本节主要通过设置背景图层上方的帐篷图层的混合模式来展示效果。

资源链接：
图层混合模式各
选项详解

图 6-57

正常　　　　　　　　　　溶解

组合模式
该组模式只有修改所选图层的不透明度时，才能产生效果。

图 6-58

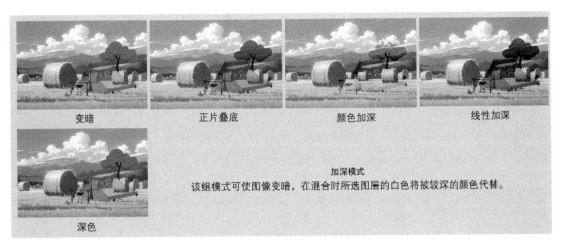

变暗　　　　　　　　正片叠底　　　　　　　颜色加深　　　　　　　线性加深

加深模式
该组模式可使图像变暗，在混合时所选图层的白色将被较深的颜色代替。

深色

图6-59

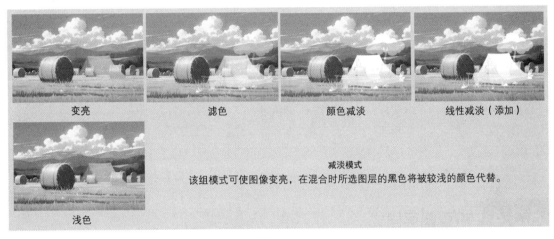

变亮　　　　　　　　滤色　　　　　　　　颜色减淡　　　　　　线性减淡（添加）

减淡模式
该组模式可使图像变亮，在混合时所选图层的黑色将被较浅的颜色代替。

浅色

图6-60

叠加　　　　　　　　柔光　　　　　　　　强光　　　　　　　　亮光

对比模式
该组模式可增强图像的反差，
在混合时，50%的灰度将会消
失，亮度高于50%灰色的像
素可加亮图层颜色，亮度低于
50%灰色的图像可减淡图层
颜色。

线性光　　　　　　　点光　　　　　　　　实色混合

图6-61

差值　　　　排除　　　　减去　　　　划分

比较模式
该组模式可比较所选图层及其下方图层，若有相同的区域，则该区域将变为黑色，不同的区域则会显示为灰度层次或彩色。
若图像中出现了白色，则白色区域将会显示下层图层的反相色，但黑色区域不会发生变化。

图6-62

色相　　　　饱和度　　　　颜色　　　　明度

色彩模式
该组模式可将色彩分为色相、饱和度和亮度这3种成分，然后将其中的一种或两种成分互相混合。

图6-63

6.3.4 设置图层样式

图层样式是应用于图层或图层组的一种效果，常用于制作特殊效果。选择要设置图层样式的图层或图层组，然后选择【图层】/【图层样式】命令，在弹出的子菜单中选择相应的命令，或双击该图层或图层组右侧的空白区域，打开"图层样式"对话框，在左侧可勾选复选框添加相应的图层样式，然后在右侧设置对应的参数，如图6-64所示。单击 确定 按钮，即可应用设置的图层样式。

在"图层"面板中，被设置了图层样式的图层右侧将显示 *fx* 图标。单击该图层右边的 按钮，可将图层样式效果列表展开。若想隐藏一个图层样式对应的效果，可以单击该图层效果前面的 图标；若想

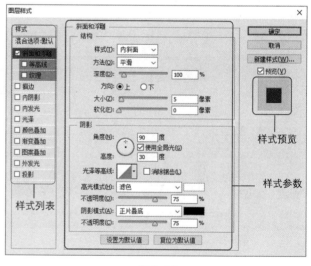

图6-64

112

隐藏该图层所有的图层样式，则可以单击"效果"前面的 ◉ 图标；若想重新显示已隐藏的图层样式，则可以在原图标处单击。

　　使用不同图层样式制作出的效果不同，其参数设置也不同。图6-65～图6-69展示了添加不同图层样式后的效果。

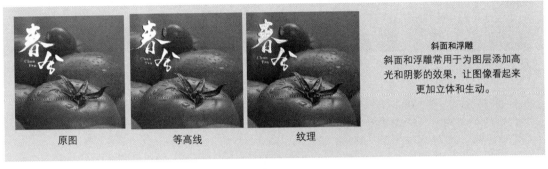

斜面和浮雕
斜面和浮雕常用于为图层添加高光和阴影的效果，让图像看起来更加立体和生动。

原图　　　　等高线　　　　纹理

图6-65

描边和光泽
描边可以使用颜色、渐变和图案等对图像边缘进行描边；光泽可以为图像添加光滑而有内部阴影的效果。

原图　　　　描边　　　　光泽

图6-66

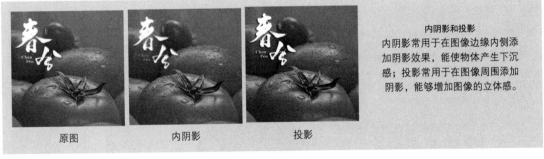

内阴影和投影
内阴影常用于在图像边缘内侧添加阴影效果，能使物体产生下沉感；投影常用于在图像周围添加阴影，能够增加图像的立体感。

原图　　　　内阴影　　　　投影

图6-67

🔔 提示

　　要删除图层样式，可将图层右侧的 fx 图标拖到下方的"删除图层"按钮 🗑 上；或在图层上单击鼠标右键，在弹出的快捷菜单中选择"清除图层样式"命令删除所有图层样式；也可将单独的某个图层样式拖到下方的"删除图层"按钮 🗑 上进行删除操作。

原图　　　　　　　颜色叠加　　　　　　　渐变叠加　　　　　　　图案叠加

颜色叠加、渐变叠加与图案叠加

颜色叠加、渐变叠加与图案叠加样式都是覆盖在图像表面的。颜色叠加常用于为图像叠加指定的颜色；渐变叠加常用于为图像叠加指定的渐变颜色；图案叠加常用于为图像添加指定的图案。

图6-68

外发光和内发光

外发光常用于沿图像边缘向外创建发光效果；内发光常用于沿着图像边缘内侧添加发光效果。

原图　　　　　　　外发光　　　　　　　内发光

图6-69

知识拓展

　　Photoshop 提供了一些预设的图层样式，便于设计人员快速为图层制作相应的效果。应用预设图层样式的方法为：选择图层，然后选择【窗口】/【样式】命令，打开图 6-70 所示的"样式"面板，该面板中包含彩色目标（按钮）、拼图（图像）和毯子（纹理）等多种预设好的参数，单击按钮即可为所选图层应用相应的图层样式。图 6-71 所示为应用"彩色目标（按钮）"图层样式的效果；图 6-72 所示为应用"拼图（图像）"图层样式的效果。

图6-70　　　　　　　　　　图6-71　　　　　　　　　　图6-72

综合实训

6.4.1 制作"毕业季"推文封面

随着夏日的脚步渐近，一年一度的毕业季即将拉开帷幕。为了鼓励学生们勇敢追梦，不畏艰难，某学校官方公众号特别策划了一场以"少年""梦想"为主题的毕业季推文活动。为提高推文的吸引力，需制作符合推文主题的封面图。表 6-1 所示为"毕业季"推文封面制作任务单，任务单给出了明确的实训背景、制作要求、设计思路和参考效果等。

表 6-1 "毕业季"推文封面制作任务单

实训背景	以"少年""梦想"为主题制作推文封面，鼓励学生们不畏艰辛，勇敢地逐梦前行
尺寸要求	900 像素 × 383 像素，分辨率为 150 像素 / 英寸
数量要求	1 张
制作要求	1．设计主题风格 封面设计应紧扣"少年"与"梦想"的主题，展现毕业季学生们青春活力、追逐梦想的精神风貌。整体风格要求清新、明亮，富有感染力，能够吸引学生们的目光并引发共鸣 2．色彩 封面色彩以黄色为主色调，体现青春与希望。同时，可适当运用蓝色、黑色、红色等颜色，增强封面的视觉冲击力和层次感。色彩搭配应和谐统一，避免过于花哨或刺眼 3．图案 图案可选择一位身着学士服面带微笑的毕业生形象作为封面的主角，展现毕业生的青春风采 4．文字与排版 封面文字应简洁明了，包括标题、副标题等信息。字体要求清晰易读，大小适中，与图案元素协调。排版要求规整美观，避免过于拥挤或松散
设计思路	在设计时先新建图层，并填充颜色，分别绘制形状和添加素材，然后重命名图层，对文字内容进行链接，再将其创建为组
参考效果	
素材位置	配套资源 \ 素材文件 \ 第 6 章 \ 综合实训 \ "'毕业季'推文封面素材"文件夹
效果位置	配套资源 \ 效果文件 \ 第 6 章 \ 综合实训 \ "毕业季"推文封面 .psd

本实训的操作提示如下。

STEP 01 新建大小为"900 像素 ×383 像素"、分辨率为"150 像素 / 英寸"、名称为"'毕业季'推文封面"的文件。

STEP 02 新建图层，并填充"#ffc108"颜色，选择"矩形工具" ▣，绘制 480 像素 ×240 像素的矩形，并设置填充颜色为"#000000"、不透明度为"80%"。

STEP 03 复制矩形，修改填充颜色为"#ffffff"、不透明度为"100%"，然后按【Ctrl+T】组合键，使其呈可编辑状态，单击鼠标右键，在弹出的快捷菜单中选择"斜切"命令，调整矩形的端点，使其倾斜显示。

STEP 04 打开"学士帽 .psd"素材文件，使用"移动工具" ▶ 将其中的所有素材拖曳到"'毕业季'推文封面"文件中，调整图像的大小和位置。按住【Shift】键不放，依次选择学士帽对应的图层，单击"链接图层"按钮 ⊖ 。

STEP 05 打开"文字 .png、人物 .png、学士帽 2.png"素材文件，使用"移动工具" ▶ 将素材依次拖曳到"'毕业季'推文封面"文件中，调整图像的大小和位置，并重命名图层为与素材相同的名称。

STEP 06 选择"横排文字工具" Ｔ，在工具属性栏中设置字体为"方正粗圆简体"，在图像中输入文字，调整文字的大小和位置，并在"点击进入讨论"文字下方绘制圆角矩形，完成后保存文件。

视频教学：
制作"毕业季"
推文封面

6.4.2 制作音乐节地铁灯箱广告

龙城体育馆为吸引更多人参与 6 月 22 日 19 点举办的草莓音乐节，计划将展示活动精彩瞬间和活动信息的灯箱广告投放在地铁站内，借助地铁的高客流量，提升音乐节的知名度和影响力，让更多市民感受到音乐的魅力。广告内容将包括音乐节的时间、地点等关键信息，方便市民了解并参与其中。表 6-2 所示为音乐节地铁灯箱广告制作任务单，任务单给出了明确的实训背景、制作要求、设计思路和参考效果等。

表 6-2 音乐节地铁灯箱广告制作任务单

实训背景	为音乐节制作地铁灯箱广告，要求展现出音乐节的魅力，其效果要具有吸引力，并展示具体的活动信息
尺寸要求	180 厘米 ×120 厘米
数量要求	1 张
制作要求	1. 素材选择 该灯箱广告的主题是"音乐节"，因此可选择与"音乐"相关的素材，如麦克风、音符等，在丰富画面的同时契合主题 2. 风格分析 广告画面的设计需要具有一定的冲击力，才能在第一时间吸引乘客的视线，因此可选择色彩较为丰富的图像作为背景，采用与其对比较为明显的白色作为文字颜色，再通过复制文字并修改色彩的方法使文字突出显示 3. 文案设计 由于乘客在流动状态中没有充足的时间阅读广告文案，因此，灯箱广告的文案需要简洁有力。可用简单的话语写明主要信息，再附上活动的时间、地点以及购票的链接等信息
设计思路	在设计时先置入素材，并设置素材的混合模式和图层样式，再输入文字内容

续表

参考效果	
素材位置	配套资源:\素材文件\第6章\综合实训\"音乐节"文件夹
效果位置	配套资源:\效果文件\第6章\综合实训\音乐节地铁灯箱广告.psd

本实训的操作提示如下。

STEP 01 新建大小为"180厘米×120厘米"、分辨率为"72像素/英寸"、颜色模式为"RGB颜色"、名称为"音乐节地铁灯箱广告"的文件。置入"背景.jpg"素材,适当调整大小,并设置不透明度为"80%"。

STEP 02 置入"线条.jpg"素材,适当调整大小使其覆盖整个画面,再设置该素材所在图层的混合模式为"滤色"、不透明度为"80%"。

STEP 03 置入"二维码.png"素材,适当调整大小并置于左下角。再置入"音符1.png~音符3.png"素材,分别将它们自由变换后置于广告中作为装饰,利用"颜色叠加"图层样式使其变为白色。

STEP 04 使用"横排文字工具" T 输入相关的文字信息,利用"斜切"命令变形文字。复制两次标题文字所在图层并分别修改文字颜色为"#df296b""#5db6e5",再分别移至原标题文字的左侧和右侧,在"图层"面板中将原标题文字图层移至最上方,最后保存文件。

视频教学:
制作音乐节地铁
灯箱广告

✍ **行业知识**

地铁庞大的客流量使地铁灯箱广告具有信息突出、针对性强、传播性强等特点,其尺寸有100厘米×150厘米、120厘米×180厘米、300厘米×150厘米、600厘米×150厘米等几种,设计人员可根据需要选择相应的尺寸进行制作。

6.5 课后练习

练习 **1** 制作房地产电梯广告

【**制作要求**】某房地产公司准备制作房地产电梯广告,投放在电梯中进行宣传,要求该广告的尺寸为

60 厘米 ×80 厘米，要展示房地产的基本信息，并突出卖点。

【操作提示】在设计时先将素材拖曳到图像中，并调整大小和位置，通过调整图层的顺序制作广告背景，完成后为背景部分创建图层组并重命名，设置混合模式，接着调整广告文字的图层位置，输入未提供的文字。参考效果如图 6-73 所示。

【素材位置】配套资源 :\ 素材文件 \ 第 6 章 \ 课后练习 \ 房地产素材 .psd

【效果位置】配套资源 :\ 效果文件 \ 第 6 章 \ 课后练习 \ 房地产电梯广告 .psd

图6-73

练习 2 制作朋友圈海报

【制作要求】毕业季来临，某设计公司准备在朋友圈发布主题为"梦想"的海报，要求该海报具有励志的作用，且效果美观。

【操作提示】在设计时通过改变图层堆叠顺序、设置图层混合模式来完成。参考效果如图 6-74 所示。

【素材位置】配套资源 :\ 素材文件 \ 第 6 章 \ 课后练习 \ 励志素材 .psd

【效果位置】配套资源 :\ 效果文件 \ 第 6 章 \ 课后练习 \ 励志手机海报 .psd

图6-74

第 7 章 图像调色处理

在平面设计中，设计人员常常会遇到各种图像质量问题，其中较常见的是由天气、灯光和拍摄角度等因素导致的摄影画面昏暗和色彩黯淡。这些问题影响了图像的整体视觉效果，可以通过 Photoshop 的调色命令，如亮度 / 对比度、曝光度、阴影 / 高光、色阶、曲线等调整图像色彩，使其更符合要求。

📖 学习要点

◎ 掌握使用亮度/对比度、曝光度等命令调整图像明暗的方法。
◎ 掌握使用自然饱和度、色彩平衡等命令解决图像色彩问题的方法。
◎ 掌握使用照片滤镜、可选颜色等命令让图像色彩更艳丽的方法。
◎ 掌握使用黑白、阈值命令调整黑白图像的方法。

◇ 素养目标

◎ 提升色彩搭配与运用能力，能够根据不同的设计需求，选择合适的
  色彩，营造恰当的氛围，更好地传递情感。
◎ 增强审美能力与创意思维，创作出具有独特风格的设计作品。

⬢ 扫码阅读

案例欣赏

课前预习

调整图像明暗

在平面设计中，图像的明暗处理对营造氛围、凸显主题至关重要。一幅图像的明暗分布影响着整体的视觉效果，能传递出设计人员的情感与意图。在 Photoshop 中可使用亮度/对比度、曝光度、阴影/高光、色阶、曲线等命令来调整图像明暗。

7.1.1 课堂案例——制作美食宣传册封面

【制作要求】某美食品牌近期准备制作一期主题为"寻味记"的美食宣传册，需要对封面中使用到的美食图片的色调进行调整，体现美食的诱人魅力。

【操作要点】使用"亮度/对比度""曝光度""阴影/高光""曲线"等命令对美食图片的色调进行调整。参考效果如图 7-1 所示。

【素材位置】配套资源:\素材文件\第7章\课堂案例\"美食宣传册封面素材"文件夹

【效果位置】配套资源:\效果文件\第7章\课堂案例\美食.psd、美食宣传册封面.psd

调色效果

实际应用效果

图 7-1

本案例具体操作如下。

STEP 01 打开"美食.jpg"素材文件，按【Ctrl+J】组合键复制图层，避免后期调整的效果不符合需求，从而无法重新调整，如图 7-2 所示。

STEP 02 选择【图像】/【调整】/【亮度/对比度】命令，打开"亮度/对比度"对话框，设置亮度为"52"、对比度为"19"，单击 确定 按钮，如图 7-3 所示。

STEP 03 选择【图像】/【调整】/【曝光度】命令，打开"曝光度"对话框，设置曝光度、位移、灰度系数校正分别为"+0.58""-0.0040""1.00"，单击 确定 按钮，如图 7-4 所示。

STEP 04 按【Ctrl+L】组合键，打开"色阶"对话框，设置输入色阶为"8""0.96""236"，单击 确定 按钮，如图 7-5 所示。效果如图 7-6 所示。

视频教学:
制作美食宣传册
封面

STEP 05 选择【图像】/【调整】/【阴影 / 高光】命令，打开"阴影 / 高光"对话框，设置阴影"数量"为"46"，单击 确定 按钮，如图 7-7 所示。

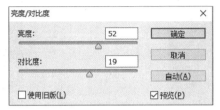

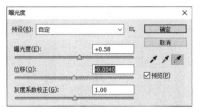

图 7-2   图 7-3   图 7-4

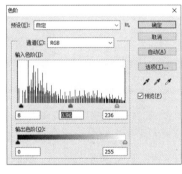

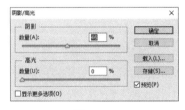

图 7-5   图 7-6   图 7-7

STEP 06 选择【图像】/【调整】/【曲线】命令，打开"曲线"对话框，将鼠标指针移动到曲线中间，单击可增加一个控制点，然后向下拖曳该控制点提高对比度，如图 7-8 所示。

STEP 07 在"通道"下拉列表中选择"绿"选项，将鼠标指针移动到曲线中上段单击，增加一个控制点，向上拖曳该控制点增加绿色调，然后在曲线中下段单击添加控制点，并向下拖曳该控制点，降低绿色调的对比度，如图 7-9 所示。

STEP 08 在"通道"下拉列表中选择"红"选项，将鼠标指针移动到曲线中间，单击并向上拖曳控制点增加红色调，单击 确定 按钮，如图 7-10 所示。

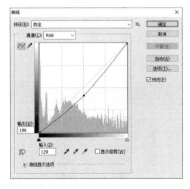

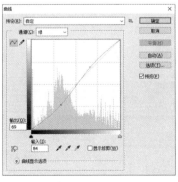

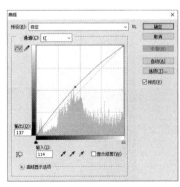

图 7-8   图 7-9   图 7-10

STEP 09 按【Ctrl+J】组合键复制图层，设置图层混合模式为"正片叠底"、不透明度为"20%"，如图 7-11 所示。按【Shift+Ctrl+Alt+E】组合键盖印图层。

STEP 10 打开"美食宣传画册素材 .psd"素材文件，使用"移动工具" 将盖印后的美食图像拖曳到"美食宣传画册素材 .psd"文件中，将美食图层移动到下方矩形处，按【Ctrl+Alt+G】组合键创建剪贴蒙版，效果如图 7-12 所示。

图 7-11

图 7-12

✍ 行业知识

宣传册又称宣传画册，是企业对外宣传自身文化、产品特点、服务理念、品牌形象的重要媒介。根据用途和内容的不同，宣传册可分为多种类型，如企业宣传册、产品宣传册、服务宣传册、活动宣传册等。在宣传册设计中，需要注重色彩搭配、版面布局、字体选择、图片运用等方面。色彩应契合企业、品牌或产品特性，版面布局要清晰明了，字体要易于阅读，图片应真实反映企业、品牌、产品或服务的特点。

7.1.2 亮度 / 对比度

图像若存在发灰、发暗的问题，则可通过调整图像的亮度 / 对比度来解决。亮度是指图像整体的明亮程度。对比度是指图像中明暗区域最亮的白色和最暗的黑色之间的差异程度，明暗区域的差异越大，图像对比度就越高；反之，图像对比度就越低。选择【图像】/【调整】/【亮度 / 对比度】命令，打开"亮度 / 对比度"对话框，在其中调整参数后，单击 确定 按钮，可发现图像的明暗度发生了变化，如图 7-13 所示。

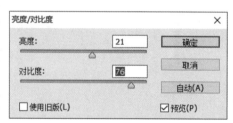

原图　　　　　　　　　　调整亮度 / 对比度　　　　　　　　　完成后的效果

图 7-13

　　"亮度/对比度"命令没有"色阶"和"曲线"命令的作用强，在调整时有可能丢失图像细节。对于输出要求比较高的图像，建议使用"色阶"或"曲线"命令调整明暗度。

7.1.3 曝光度

　　曝光度原指感受到光亮的强弱及时间的长短，当曝光不足时，画面整体偏暗；当曝光过度时，画面整体偏亮。而在 Photoshop 中，"曝光度"命令通常能调整图像亮度和对比度。选择【图像】/【调整】/【曝光度】命令，拖曳参数对应的滑块，或直接在其右侧的数值框中输入数字，都能调整参数。向右拖曳"曝光度"滑块可增加曝光度，向左拖曳"曝光度"滑块可减小曝光度。向左拖曳"位移"滑块可降低对比度，向右拖曳"位移"滑块可提高对比度。向右拖曳"灰度系数校正"滑块可增加灰度，向左拖曳"灰度系数校正"滑块可减小灰度。完成后单击 确定 按钮。图 7-14 所示为增加曝光度和对比度的效果。

 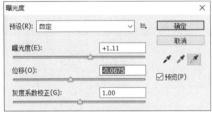 

原图　　　　　　　　　设置曝光度和位移　　　　　　　　完成后的效果

图 7-14

7.1.4 阴影/高光

　　如果需要调整包含特别暗或特别亮的区域的图像，如由强逆光而形成的剪影图像，则可使用"阴影/高光"命令修复，从而使图像尽量显示更多的细节。选择【图像】/【调整】/【阴影/高光】命令，打开"阴影/高光"对话框。其中，"阴影"参数用于提高或降低图像中的暗部色调，"高光"参数用于提高或降低图像中的高光色调，从而使图像尽可能显示更多的细节。勾选"显示更多选项"复选框，将显示全部的阴影和高光选项；取消勾选该复选框，则会隐藏详细选项。调整相关参数后，单击 确定 按钮，效果如图 7-15 所示。

 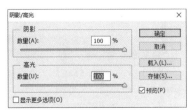 

原图　　　　　　　　　设置阴影/高光　　　　　　　　完成后的效果

图 7-15

7.1.5 色阶

当需要调整图像的明暗对比效果、阴影、高光和中间调时，可以使用"色阶"命令完成。其操作方法为：选择【图像】/【调整】/【色阶】命令，或按【Ctrl+L】组合键打开"色阶"对话框，其中"通道"下拉列表用于选择要调整的颜色通道，调整颜色通道会改变图像颜色。"输入色阶"栏左侧的滑块用于调整图像的暗部，中间滑块用于调整中间色调，右侧滑块用于调整亮部，可拖曳滑块或在滑块下的数值框中输入数值进行调整。调整暗部时，低于该值的像素变为黑色；调整亮部时，高于该值的像素会变为白色。"输出色阶"栏用于限制图像的亮度范围，从而降低图像对比度，使其呈现褪色效果，拖曳黑色滑块时，左侧的色调都会映射为滑块当前位置的灰色，图像中最暗的色调会变为灰色；拖曳白色滑块的作用与拖曳黑色滑块的作用相反。调整相关参数后，单击 确定 按钮，效果如图 7-16 所示。

原图

设置色阶

完成后的效果

图 7-16

7.1.6 曲线

"曲线"命令具有强大的调整图像明暗度功能，可以更加精确地调整图像中所有像素点的明亮度。选择【图像】/【调整】/【曲线】命令，或按【Ctrl+M】组合键打开"曲线"对话框，在"通道"下拉列表中可选择要查看或调整的颜色通道。将鼠标指针移动到曲线上，单击增加一个控制点，按住鼠标左键向上方拖曳控制点可调整亮度，向下方拖曳可调整对比度，完成设置后单击 确定 按钮，效果如图 7-17 所示。

资源链接：
"曲线"对话框中
选项的详细介绍

原图

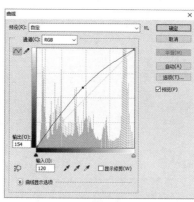
设置曲线

完成后的效果

图 7-17

使用调色工具解决色彩问题

在平面设计中，色彩的运用至关重要，它能赋予作品独特的魅力与情感。在 Photoshop 中可使用"自然饱和度""色相／饱和度""色彩平衡""替换颜色""匹配颜色"等命令，调整图像整体色彩和局部色彩，使图像色彩更加丰富和生动。

7.2.1　课堂案例——制作美食宣传册内页

【制作要求】某美食品牌准备对应用到美食宣传册内页中的图片进行处理，要求美食图片的色彩鲜亮，具有吸引力。

【操作要点】使用"亮度／对比度""曝光度""阴影／高光""曲线""色调"命令调整美食图片的色彩。参考效果如图 7-18 所示。

【素材位置】配套资源 :\ 素材文件 \ 第 7 章 \ 课堂案例 \ "美食宣传册内页素材"文件夹

【效果位置】配套资源 :\ 效果文件 \ 第 7 章 \ 课堂案例 \ 美食宣传册内页 .psd、美食 1.psd、美食 2.psd、美食 3.psd、美食 5.jpg

调整后的效果

实际应用效果

视频教学 :
制作美食宣传
内页

图 7-18

本案例具体操作如下。

STEP 01 打开"美食 1.jpg"素材文件，如图 7-19 所示。按【Ctrl+J】组合键复制图层。

STEP 02 选择【图像】/【调整】/【亮度／对比度】命令，打开"亮度／对比度"对话框，设置亮度为"64"、对比度为"33"，单击 确定 按钮，如图 7-20 所示。

STEP 03 选择【图像】/【调整】/【色阶】命令，打开"色阶"对话框，设置输入色阶为"19""1.60""236"，单击 确定 按钮，如图 7-21 所示。效果如图 7-22 所示。

图 7-19

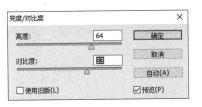
图 7-20

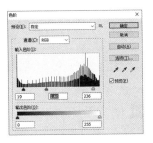
图 7-21

STEP 04 选择【图像】/【调整】/【色彩平衡】命令，打开"色彩平衡"对话框，设置色阶值为"+42""-4""-13"，单击 确定 按钮，如图7-23所示。

STEP 05 选择【图像】/【调整】/【色相/饱和度】命令，打开"色相/饱和度"对话框，设置色相为"-5"、饱和度为"+9"，单击 确定 按钮，如图7-24所示。

图7-22

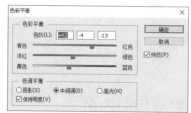
图7-23

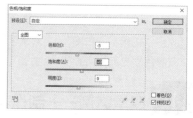
图7-24

STEP 06 此时发现"美食1"图像色彩对比明显，更具吸引力，如图7-25所示。

STEP 07 打开"美食2.jpg"素材文件，按【Ctrl+J】组合键复制图层。选择【图像】/【调整】/【自然饱和度】命令，打开"自然饱和度"对话框，设置自然饱和度为"+22"、饱和度为"+56"，单击 确定 按钮，如图7-26所示。效果如图7-27所示。

图7-25

图7-26

图7-27

STEP 08 打开"美食3.jpg""美食4.jpg"素材文件，切换到"美食3"素材，按【Ctrl+J】组合键复制图层。选择【图像】/【调整】/【匹配颜色】命令，打开"匹配颜色"对话框，设置明亮度、颜色强度、渐隐分别为"146""165""50"，勾选"中和"复选框，然后在"源"下拉列表中选择"美食4.jpg"选项，单击 确定 按钮，如图7-28所示。效果如图7-29所示。

STEP 09 选择【图像】/【调整】/【自然饱和度】命令，打开"自然饱和度"对话框，设置自然饱和度为"+71"、饱和度为"+28"，单击 确定 按钮，如图7-30所示。

图7-28

图7-29

图7-30

STEP 10 打开"美食5.jpg"素材文件，选择【图像】/【调整】/【替换颜色】命令，打开"替换颜色"对话框，在图像编辑区单击筷子的黄色部分吸取颜色，设置颜色容差为"71"，然后设置色相、饱和度、明度分别为"-39""+44""+42"，单击 确定 按钮，如图7-31所示。效果如图7-32所示。

图 7-31 图 7-32

STEP 11 打开"美食宣传册内页素材 .psd"素材文件，切换到"美食 5.jpg"素材文件，使用"移动工具" 📩 将该美食图像拖曳到"美食宣传册内页素材"中，调整该美食图像所在图层到最下方，调整该图像的大小和位置，并设置不透明度为"10%"，效果如图 7-33 所示。

STEP 12 切换到"美食 2.jpg"素材文件，使用"移动工具" 📩 将该美食图像拖曳到"美食宣传册内页素材"文件中，调整该美食图像所在图层到左侧矩形上方，调整该图像的大小和位置，按【Ctrl+Alt+G】组合键创建剪贴蒙版，使用相同的方法分别将"美食 3.jpg""美食 4.jpg"素材拖曳到对应矩形上方，然后创建剪贴蒙版。完成后保存文件，效果如图 7-34 所示。

图 7-33 图 7-34

7.2.2 自然饱和度

"自然饱和度"命令常用于在增加饱和度的同时，防止颜色过于饱和而出现溢色，尤其适用于处理人物图像。选择【图像】【调整】【自然饱和度】命令，打开"自然饱和度"对话框，其中"自然饱和度"参数用于调整颜色的自然饱和度，避免色调失衡，该值越小，自然饱和度越低；该值越大，自然饱和度越高。"饱和度"参数用于调整所有颜色的饱和度，该值越小，饱和度越低，该值越大，饱和度越高。设置好参数后，单击 确定 按钮，效果如图 7-35 所示。

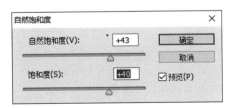

原图 设置自然饱和度 完成后的效果

图 7-35

🔔 **提示**

调整"自然饱和度"参数时，只会调整图像中饱和度较低的颜色，不会损失其他已经饱和的颜色细节。而调整"饱和度"参数时，则会调整图像中所有颜色的饱和度。

7.2.3 色相/饱和度

"色相/饱和度"命令主要用于调整图像中不协调的单个颜色，或者调整图像全图或单个通道的色相、饱和度和明度。其操作方法为：选择【图像】/【调整】/【色相/饱和度】命令，或按【Ctrl+U】组合键打开"色相/饱和度"对话框，"预设"下拉列表中提供了8个"色相/饱和度"选项，可直接选择提供的饱和度效果，也可在"色相""饱和度""明度"栏中拖曳对应的滑块，或在对应文本框中输入数值，分别调整图像的色相、饱和度和明度。除此之外，若想调整单个颜色的色相、饱和度和明度，则还可在"全图"下拉列表中选择调整范围，可选择红色、黄色、绿色、青色、蓝色和洋红这6个选项，对图像中的单个颜色进行调整，完成后单击 确定 按钮，如图7-36所示。

知识
拓展

在调整图像饱和度时，"自然饱和度""色相/饱和度"命令适用于调整图像整体的饱和度，或调整图像中某一色调的饱和度；而"海绵工具" ⬛ 更适用于调整图像局部区域的饱和度，调整范围更加灵活，且可以不同程度地改变不同区域的饱和度，适合处理小范围的图像细节。

原图

设置色相/饱和度

完成后的效果

图7-36

🔔 **提示**

在"色相/饱和度"对话框中单击👆按钮，再单击图像中的一点进行取样，按住鼠标左键不放向右拖曳，可提高图像的饱和度，向左拖曳，可降低图像的饱和度。按住【Ctrl】键再单击图像中的一点进行取样，按住鼠标左键左右拖曳，可调整图像的色相。勾选"着色"复选框，图像会整体偏向一种色调。

7.2.4 色彩平衡

"色彩平衡"命令可以在图像原有颜色的基础上添加其他颜色，或通过增加某种颜色的补色来减小该颜色的比例，多用于调整有明显偏色的图像。选择【图像】/【调整】/【色彩平衡】命令，或按【Ctrl+B】组合键打开"色彩平衡"对话框，拖曳3个滑块或在色阶后的数值框中输入相应的值，可使图像增加或减少相应的颜色。单击选中"阴影""中间调""高光"单选项，就会对相应色调的像素进行调整。勾选"保持明度"复选框，可保持图像的色调不变，防止亮度值随颜色变化而发生改变，参数设置完成后单击 确定 按钮，如图 7-37 所示。

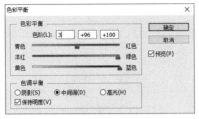

原图　　　　　　　　　设置色彩平衡　　　　　　　　　完成后的效果

图 7-37

7.2.5　替换颜色

"替换颜色"命令可通过改变图像中某些区域颜色的色相、饱和度、明暗度来改变图像色彩。其操作方法为：选择【图像】/【调整】/【替换颜色】命令，打开"替换颜色"对话框，将鼠标指针移至所要替换的颜色处，单击鼠标左键进行采样，然后在对话框中调整参数，完成后单击 确定 按钮，如图 7-38 所示。

原图　　　　　　　　　设置替换颜色　　　　　　　　　完成后的效果

图 7-38

7.2.6　匹配颜色

"匹配颜色"命令可以匹配不同图像之间、多个图层之间或者多个颜色选区之间的颜色，还可以通过更改图像的亮度、颜色强度、渐隐程度来调整图像的颜色。选择【图像】/【调整】/【匹配颜色】命令，打开"匹配颜色"对话框，在"源"下拉列表中选择打开该图的另一个图像文件。在"图像选项"栏中调整图像的明亮度、颜色强度、渐隐程度，勾选"中和"复选框，单击 确定 按钮，为图像匹配颜色，如图 7-39 所示。

原图　　　　　　　　　　设置匹配颜色　　　　　　　　　　完成后的效果

图7-39

7.2.7 课堂案例——制作暖色调海报

【制作要求】某女装店铺近期准备推出春季新品，需要制作尺寸为"13厘米×18厘米"的暖色调海报，用于在店铺外的广告位置展示，要求内容简洁、直观。

【操作要点】打开素材，使用"照片滤镜""渐变映射""曲线""替换颜色""可选颜色"命令调整颜色。参考效果如图7-40所示。

【素材位置】配套资源:\素材文件\第7章\课堂案例\"暖色调海报素材"文件夹

【效果位置】配套资源:\效果文件\第7章\课堂案例\暖色调海报.psd

视频教学:
制作暖色调海报

完成后的效果　　　　　　　　　　实际应用效果

图7-40

本案例其具体操作如下。

STEP 01 新建大小为"13厘米×18厘米"、分辨率为"300像素/英寸"、颜色模式为"RGB颜色"、名称为"暖色调海报"的文件。

STEP 02 置入"冷色调照片.jpg"素材，适当调整大小，如图7-41所示。选择该素材所在图层，在其上单击鼠标右键，在弹出的快捷菜单中选择"栅格化图层"命令，然后按【Ctrl+J】组合键复制图层。

STEP 03 选择【图像】/【调整】/【照片滤镜】命令，打开"照片滤镜"对话框，在"滤镜"下拉列表中选择"加温滤镜（85）"选项，设置浓度为"58%"，单击 确定 按钮，如图7-42所示。效果如图7-43所示。

STEP 04 按【Ctrl+J】组合键复制图层，选择【图像】/【调整】/【渐变映射】命令，打开"渐变映射"对话框，单击渐变条，打开"渐变编辑器"对话框，设置渐变颜色为"#fbca46～#ffffff"，单击 确定 按钮，返回"渐变映射"对话框，发现渐变条颜色已经发生变化，单击 确定 按钮，如图7-44所示。效果如图7-45所示。

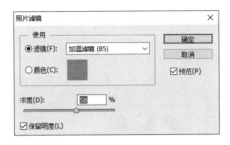

图7-41　　　　　　　　　　图7-42　　　　　　　　　　图7-43

STEP 05 选择添加渐变映射后的图层，设置图层混合模式为"浅色"、不透明度为"15%"，此时发现冷色调的图像逐渐变为暖色调，效果如图7-46所示。

图7-44　　　　　　　　　　图7-45　　　　　　　　　　图7-46

STEP 06 按【Shift+Ctrl+Alt+E】组合键盖印图层。选择【图像】/【调整】/【曲线】命令，打开"曲线"对话框，在"通道"下拉列表中选择"红"选项，将鼠标指针移动到曲线中间，单击新增控制点并向上拖曳，提高对比度，如图7-47所示。

STEP 07 在"通道"下拉列表中选择"RGB"选项，将鼠标指针移动到曲线中上段，单击新增控制点并向上拖曳，提高明暗对比度，完成后单击 确定 按钮，如图7-48所示。效果如图7-49所示。

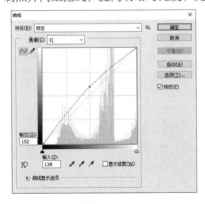
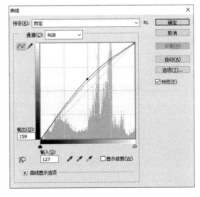

图7-47　　　　　　　　　　图7-48　　　　　　　　　　图7-49

131

STEP 08 由于调整整个色调后，头发颜色变黄，因此需要再调整。按【Ctrl+J】组合键复制图层，选择【图像】/【调整】/【替换颜色】命令，打开"替换颜色"对话框，在图像编辑区单击头发部分吸取颜色，设置颜色容差为"40"，然后设置色相、饱和度、明度分别为"-47""-55""-30"，单击 确定 按钮，如图 7-50 所示。效果如图 7-51 所示。

STEP 09 选择【图像】/【调整】/【可选颜色】命令，打开"可选颜色"对话框，在"颜色"下拉列表中选择"黄色"选项，设置青色、洋红、黄色、黑色分别为"-46""-8""+37""-100"，单击 确定 按钮，效果如图 7-52 所示。

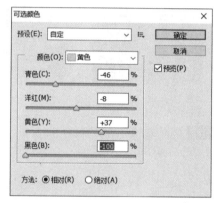

图 7-50   图 7-51   图 7-52

STEP 10 打开"文字 .png"素材文件，使用"移动工具" 将其拖曳到海报中，调整素材的大小和位置，效果如图 7-53 所示。

STEP 11 选择【图像】/【调整】/【色调分离】命令，打开"色调分离"对话框，设置色阶为"3"，单击 确定 按钮，如图 7-54 所示。完成后查看最终效果，如图 7-55 所示。按【Ctrl+S】组合键保存文件。

图 7-53   图 7-54   图 7-55

行业知识

从心理学上根据不同颜色带给人的感受，可将颜色分为暖色调（红、橙、黄、棕）、冷色调（绿、蓝、紫）和中性色调（黑、灰、白）。其中，暖色调给人热情、温暖、柔和之感；冷色调给人开阔、清爽、通透之感；而中性色调给人的感受介于上述两者之间。

7.2.8 照片滤镜

"照片滤镜"命令能够模拟传统的光学滤镜，调整光的色彩平衡和色温，使图像呈暖色调、冷色调或其他色调。其操作方法为：打开要调整的图像，选择【图像】/【调整】/【照片滤镜】命令，打开"照片滤镜"对话框，如图7-56所示。在其中可选择滤镜选项或通过颜色色块设置滤镜色调，还可以通过调整颜色的浓度来调整滤镜的应用强度，完成后单击 确定 按钮。图7-57所示为不同的照片滤镜效果。

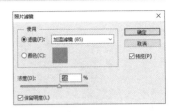

图7-56

原图

加温滤镜（85）

冷却滤镜（82）

图7-57

7.2.9 可选颜色

"可选颜色"命令可以在改变 RGB 颜色、CMYK 颜色、灰度等颜色模式图像中的某种颜色时，不影响其他颜色。选择【图像】/【调整】/【可选颜色】命令，打开"可选颜色"对话框，其中颜色用于设置要调整的颜色，拖曳下面的各个颜色色块或在数值框中输入相应的值，即可调整所选颜色中青色、洋红、黄色、黑色的含量，完成后单击 确定 按钮，如图7-58所示。

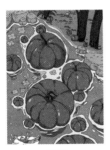
原图

调整可选颜色

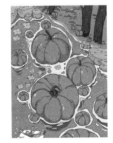
完成后的效果

图7-58

7.2.10 渐变映射

"渐变映射"命令可使图像颜色根据指定的渐变颜色改变。选择【图像】/【调整】/【渐变映射】命令，打开"渐变映射"对话框，单击"灰度映射所用的渐变"右下方的下拉按钮，打开的下拉列表中将出现一个包含预设效果的选择面板，在其中可选择需要的渐变样式。勾选"仿色"复选框，可以添加随机的杂色来平滑渐变填充的外观，让渐变更加平滑。勾选"反向"复选框，可以反转渐变颜色的填充方向，单击 确定 按钮，如图7-59所示。

原图

设置渐变颜色

完成后的效果

图7-59

7.2.11 色调分离

"色调分离"命令可按照指定的色阶数减少图像的颜色（或灰度图像中的色调），从而简化图像颜色。其操作方法为：选择【图像】/【调整】/【色调分离】命令，打开"色调分离"对话框，在其中可以指定图像的色调级数，即在"色阶"文本框中设置色阶值（色阶值越小，色阶数目越少，色调级数就越少），设置好参数后，单击 确定 按钮，效果如图7-60所示。

原图

设置色调分离

完成后的效果

图7-60

7.3
调整黑白图像

在平面设计中，若需要处理一些特殊效果，如调整黑白图像，则可以使用Photoshop中的"黑白""阈值"命令，精细地调整黑白图像，丰富其层次感。

7.3.1 课堂案例——制作单色水墨版画

【制作要求】某品牌提供了一张花瓶照片，准备制作一套风格独特的水墨版画，用于装饰企业的休闲区，要求效果在具有美观性的同时具备设计感。

【操作要点】使用"黑白""色阶""阈值"命令调整图片的色调。参考效果如图7-61所示。

【素材位置】配套资源 :\素材文件\第7章\课堂案例\花瓶.jpg

【效果位置】配套资源 :\效果文件\第7章\课堂案例\单色水墨版画.psd

调整后的效果　　　　　　　　　　　　　　　　展示效果

图7-61

本案例具体操作如下。

STEP 01 打开"花瓶 .jpg"素材，按【Ctrl+J】组合键复制图层，如图7-62所示。

STEP 02 选择【图像】/【调整】/【黑白】命令，打开"黑白"对话框，设置参数如图7-63所示。单击 确定 按钮，效果如图7-64所示。

视频教学：
制作单色水墨版画

图7-62　　　　　　　　　　　图7-63　　　　　　　　　　　图7-64

STEP 03 按【Ctrl+L】组合键，打开"色阶"对话框，设置输入色阶为"26""0.85""236"，单击 确定 按钮，如图7-65所示。效果如图7-66所示。

STEP 04 选择【图像】/【调整】/【阈值】命令，打开"阈值"对话框，设置阈值色阶为"217"，单击 确定 按钮，如图7-67所示。

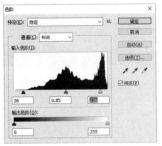
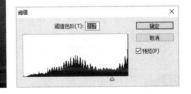

图7-65　　　　　　　　　　　图7-66　　　　　　　　　　　图7-67

STEP 05 此时发现整个花瓶效果呈黑白显示，如图7-68所示。为了使图像展示更多细节，打开"图层"面板，设置不透明度为"80%"，此时发现整个花瓶除了已有的黑白效果外，还增加了一些轮廓，如图7-69所示。

图7-68

图7-69

7.3.2 黑白

　　"黑白"命令可将彩色图像转换为黑白图像，并通过控制图像中各个颜色的色调深浅，使黑白图像更有层次感。其操作方法为：选择【图像】/【调整】/【黑白】命令，或按【Alt+Shift+Ctrl+B】组合键打开"黑白"对话框，"预设"下拉列表中提供了12种黑白预设效果，可根据需要选择相应选项，然后通过调整红色、黄色、绿色、青色、蓝色和洋红色的色调深浅来精细地调整黑白效果。例如，增加红色值将提高红色区域的亮度，使其更白；减小红色值将降低其亮度，使其更黑。勾选"色调"复选框并设置颜色后，将激活"色相""饱和度"栏，用于设置为黑白图像叠加的色调，参数设置完成后单击按钮，如图7-70所示。

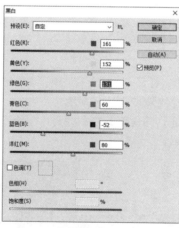

原图　　　　　　　　　　　　　　设置黑白参数　　　　　　　　　　　　　完成后的效果

图7-70

> **知识拓展**　　除了可以使用"黑白"命令将彩色图像转换为黑白效果外，还可以选择【图像】/【调整】/【去色】命令或按【Shift+Ctrl+U】组合键，去除图像中的所有颜色信息，将彩色图像转换为黑白图像。但与"黑白"命令不同的是，使用"去色"命令时，无法精细地调整黑白效果，也无法为黑白图像叠加某个色调。

7.3.3　阈值

使用"阈值"命令可以将一张彩色或灰度的图像调整成高对比度的黑白图像，常用于确定图像的最亮和最暗区域。其操作方法为：选择【图像】/【调整】/【阈值】命令，打开"阈值"对话框，该对话框中显示了当前图像亮度值的坐标图，拖曳滑块或在"阈值色阶"数值框中输入数值可设置阈值，其取值范围为1~255，完成后单击按钮，如图7-71所示。

原图

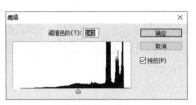
设置阈值参数

完成后的效果

图7-71

综合实训

7.4.1　调整照片色彩

长城作为我国的瑰宝和世界文化遗产，其雄伟壮观的景象吸引了无数摄影爱好者。然而，由于天气、时间、拍摄设备等多种因素的影响，拍摄出的长城照片往往无法完全还原其真实的色彩。因此，需要通过后期调整照片的色彩来展现长城的魅力。表7-1所示为调整照片色彩任务单，任务单给出了明确的实训背景、制作要求、设计思路和参考效果等。

表7-1　调整照片色彩任务单

实训背景	由于拍摄的长城照片存在色彩灰暗、清晰度低、明暗对比弱等情况，为了还原长城照片的真实色彩，需要后期进行调整
数量要求	1张
制作要求	1. 调整色彩 根据照片的实际情况，适当调整长城照片的色彩。注意保持色彩的自然和谐，避免过度调色导致失真 2. 提高对比度 突出长城的纹理和立体感，使其更加鲜明 3. 调整饱和度 根据照片的主题和氛围，适当调整长城的色彩饱和度，增强视觉冲击力

续表

设计思路	在调整色彩时，可使用"色阶""曲线""色相／饱和度""照片滤镜""阴影／高光"等
参考效果	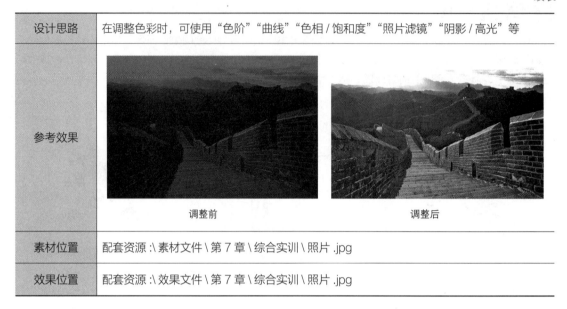 调整前　　　　　　　　　　　　调整后
素材位置	配套资源:\素材文件\第7章\综合实训\照片.jpg
效果位置	配套资源:\效果文件\第7章\综合实训\照片.jpg

本实训的操作提示如下。

STEP 01 打开"照片.jpg"素材文件，发现照片整体偏暗，且对比度不够，存在偏色问题，因此选择【图像】/【调整】/【色阶】命令，打开"色阶"对话框，设置色阶值为"0""1.00""90"，单击 确定 按钮。

STEP 02 选择【图像】/【调整】/【曲线】命令，打开"曲线"对话框，在"通道"下拉列表中选择"蓝"选项，在曲线上方添加控制点并向上拖曳，在下方添加调整点并向下拖曳，提高蓝色调的明暗对比度。在"通道"下拉列表中选择"RGB"选项，在中间位置添加调整点并向下拖曳，降低明暗对比度，单击 确定 按钮。

STEP 03 选择【图像】/【调整】/【色相／饱和度】命令，打开"色相／饱和度"对话框，设置色相、明度分别为"3""5"。

STEP 04 观察发现图像中的阶梯仍然有点偏红色，因此在"全图"下拉列表中选择"红色"选项，设置色相、饱和度分别为"-15""-40"，单击 确定 按钮。

STEP 05 选择【图像】/【调整】/【照片滤镜】命令，打开"照片滤镜"对话框，单击选中"滤镜"单选项，在其右侧的下拉列表中选择"加温滤镜（85）"选项，设置浓度为"73%"，单击 确定 按钮。

STEP 06 选择【图像】/【调整】/【阴影／高光】命令，打开"阴影／高光"对话框，设置阴影"数量"和高光"数量"分别为"40%""20"，单击 确定 按钮，最后保存图像。

视频教学:
调整照片色彩

7.4.2 制作美丽风光户外宣传展板

"蓉"文化村响应乡村振兴战略，准备制作以"美丽风光"为主题的户外宣传展板，宣传"蓉"文化村的人文风景，其效果需要有较高的艺术观赏性和传播的实用性。表7-2所示为美丽乡村户外宣传展板制作任务单，任务单给出了明确的实训背景、制作要求、设计思路和参考效果等。

表 7-2 美丽风光户外宣传展板制作任务单

实训背景	以"美丽风光"为主题制作户外宣传展板，宣传"蓉"文化村的人文风景，其效果要具备观赏性和实用性
尺寸要求	80 厘米 ×45 厘米
数量要求	1 张
制作要求	1. 调整照片 查看照片后，发现照片中阴影和高光分布不合理，阴影过重，且山峦色调偏蓝，湖边植物色调过于偏黄，需要先调整明暗度和校正色调 2. 构思展板 在宣传展板设计中，可以融合文字、图像、装饰等多种设计元素来综合展示文化村的风采，其展板内容需要包含文化村名称、宣传标语、文化村形象，以及一些简短的介绍 3. 调整装饰素材 为了使装饰素材的色调与整个展板色调统一，需要将装饰素材的色调调整为相似的绿色调
设计思路	在设计时，先使用"亮度 / 对比度""曝光度""阴影 / 高光""色彩平衡""可选颜色""色相 / 饱和度"命令调整图像色彩，再添加装饰素材和文字
参考效果	原照片　　　　　　　　　　　　　参考效果
素材位置	配套资源 :\ 素材文件 \ 第 7 章 \ 综合实训 \ "美丽乡村"文件夹
效果位置	配套资源 :\ 效果文件 \ 第 7 章 \ 综合实训 \ 户外宣传展板 .psd

本实训的操作提示如下。

STEP 01 打开"风景 .jpg"素材文件，使用"亮度 / 对比度""曝光度""阴影 / 高光"命令提高图像的亮度和对比度。

STEP 02 使用"色彩平衡""可选颜色""色相 / 饱和度"命令将植物调整为自然的绿色调。

STEP 03 新建大小为"80 厘米 ×45 厘米"、分辨率为"100 像素 / 英寸"、颜色模式为"CMYK 颜色"、名称为"户外宣传展板"的文件。

STEP 04 打开"装饰 .psd"素材，将其中的"底"图层拖入新建的文件中，再将调整好的风景照片拖入新建的文件中，并将该图层重命名为"风景"，向下创建剪贴蒙版，调整蒙版大小和位置。

STEP 05 将"装饰 .psd"素材中的其他内容拖入新建文件中，调整各素材大小和位置，使用"色相 / 饱和度"命令调整装饰素材的色调。

视频教学:
制作美丽乡村户
外宣传展板

STEP 06 使用"横排文字工具" **T** 和"直排文字工具" **IT** 输入"描述.txt"素材中的文字,设置合适的字体和颜色,调整文字的大小和位置,最后保存文件。

7.5 课后练习

练习 1 制作清新风格追梦日签

【制作要求】某博主近期需要在朋友圈中发布日签("日签"通常指的是一种每日更新的简短文字或图片,用于分享、激励或记录日常生活),以提醒他们关注生活中的一些小事,要求整个日签采用小清新风格,以淡雅的色彩和明亮的色调为主。

【操作提示】设计时可先为图像调色,增加亮度、自然饱和度,并调整阴影和高光。参考效果如图7-72所示。

【素材位置】配套资源:\素材文件\第7章\课后练习\蒲公英.jpg

【效果位置】配套资源:\效果文件\第7章\课后练习\日签.psd

练习 2 制作新品上市海报

【制作要求】为了更好地宣传春季新品,某店铺将制作一张春季新品上市的海报,需要体现新品活动信息,同时营造春季氛围。

【操作提示】先将提供的蓝绿色树叶图像调整为富有春天气息的绿色,并作为海报背景,然后在背景中添加文字和装饰等素材,通过适当的调色和分布排列,让素材与背景自然融合。参考效果如图7-73所示。

【素材位置】配套资源:\素材文件\第7章\课后练习\"春季海报"文件夹

【效果位置】配套资源:\效果文件\第7章\课后练习\春季海报.psd

图7-72

图7-73

第 **8** 章

文字设计与排版

在平面设计中，合理地应用文字不仅可以使画面内容更加丰富，而且能更好地说明作品主题。利用 Photoshop 中的文字工具和相关功能，可以在图像中创建不同类型的文本，并编辑文字的各种属性。掌握 Photoshop 中文字的应用，有利于设计人员对版面进行更完善的编辑与处理。

▌ 📖 学习要点
  ◎ 掌握点文字和段落文字的创建方法。
  ◎ 掌握路径文字的创建方法。
  ◎ 掌握变形文字的创建方法。
  ◎ 熟悉"字符"面板和"段落"面板。

▌ ◇ 素养目标
  ◎ 培养文字的排版与设计能力。
  ◎ 熟悉常用字体，提升字体设计的艺术感和美感。

▌ ◈ 扫码阅读

案例欣赏

课前预习

8.1 创建文字

在 Photoshop 中，设计人员可以按需要选择文字工具并在图像中输入文字。例如制作标签时，可以在输入文字的过程中，选择不同类型的文字来适应图像版面。

8.1.1 课堂案例——制作网店活动促销标签

【**制作要求**】某网店为迎接年货节活动，需要设计一个尺寸为"1024 像素 ×904 像素"的促销标签，放到网店首页醒目的位置，做宣传使用，要求图标简约大方，色彩明亮且具有视觉吸引力。

【**操作要点**】使用文本工具输入点文字和路径文字，对文字做不同深浅的同色系填充，并设置合适的字体。参考效果如图 8-1 所示。

【**素材位置**】配套资源：\ 素材文件 \ 第 8 章 \ 课堂案例 \ 标签 .jpg

【**效果位置**】配套资源：\ 效果文件 \ 第 8 章 \ 课堂案例 \ 网店活动促销标签 .psd

图8-1

本案例具体操作如下。

STEP 01 新建一个名称为"网店活动促销标签"、宽度和高度为"1024 像素 ×904 像素"、分辨率为"72 像素 / 英寸"的文件。

STEP 02 打开"标签 .jpg"素材文件，将其中的图像拖到新建文件中，调整标签大小，使其布满整个画面，如图 8-2 所示。

STEP 03 选择"横排文字工具" T.，在标签中间红色区域单击定位文本插入点，输入文字"囤年货"，如图 8-3 所示。

STEP 04 在文字末尾处按住鼠标左键向第一个文字拖曳，选中全部文字，然后在工具属性栏中设置字体为"方正兰亭特黑简体"、大小为"175 点"，单击颜色色块设置文字颜色为"#b34a06"，如图 8-4 所示。

视频教学：
制作网店活动促销标签

图8-2　　　　　　　　　图8-3　　　　　　　　　图8-4

STEP 05 选择【图层】/【图层样式】/【描边】命令，打开"图层样式"对话框，设置大小为"2 像素"、位置为"内部"，其他参数设置如图 8-5 所示。

STEP 06 勾选"图层样式"对话框左侧的"渐变叠加"复选框，单击其中的渐变色条，设置渐变颜色为"#fede90"~"#e4b33b"，其他设置如图8-6所示。

STEP 07 勾选"投影"复选框，设置混合模式为"正片叠底"、投影颜色为"#000000"、距离为"8"、扩展为"0"、大小为"11"，如图8-7所示。

图8-5　　　　　　　　　　图8-6　　　　　　　　　　图8-7

STEP 08 单击 确定 按钮完成设置，得到添加图层样式后的文字效果，如图8-8所示。

STEP 09 选择"横排文字工具" T.，在工具属性栏中设置字体为"方正大标宋简体"、大小为"38点"、颜色为"#ffe9c8"，然后在"囤年货"下方输入"咨询客服再减5元"文字，选择【窗口】/【字符】命令，打开"字符"面板，设置字距为150，如图8-9所示。输入的文字效果如图8-10所示。

图8-8　　　　　　　　　　图8-9　　　　　　　　　　图8-10

STEP 10 选择"椭圆工具" ◯，在工具属性栏中选择工具模式为"形状"，然后单击"填充"右侧的色块，在打开的面板中设置填充方式为"渐变"、颜色为"#e7bd64"和"#f6ed95"，如图8-11所示。

STEP 11 按住【Shift】键，在文字上方绘制一个渐变色圆形，如图8-12所示。然后使用"横排文字工具" T.在圆形中输入文字"天"，并设置字体为"方正大标宋简体"、文字颜色为"#cc0d06"，如图8-13所示。

图8-11　　　　　　　　　　图8-12　　　　　　　　　　图8-13

STEP **12** 复制 4 次该组圆形和文字，向右侧移动，然后分别修改文字内容，效果如图 8-14 所示。

STEP **13** 使用"横排文字工具" ![T] 在标签横幅处输入文字"全场不止五折"，设置字体为"汉仪菱心体简"、文字颜色为"#cf0005"，并适当调整文字大小和位置，如图 8-15 所示。

STEP **14** 选择"椭圆工具" ![○]，在工具属性栏中选择工具模式为"路径"，按住【Shift】键，在圆形标签中间绘制一个圆形路径，如图 8-16 所示。

图 8-14

图 8-15

图 8-16

STEP **15** 选择"横排文字工具" ![T]，在属性栏中设置字体为"方正兰亭中黑_GBK"、大小为"30点"、文字颜色为"#fec869"，并单击"居中对齐文本"按钮![图]，在路径左侧外部附近单击，插入鼠标指针，然后输入文字，效果如图 8-17 所示。

STEP **16** 选择所有路径文字，在"字符"面板中设置字距为"350"，如图 8-18 所示。最后保存文件，效果如图 8-19 所示。

> **知识拓展**
>
> 选择文字后，按住【Shift+Ctrl】组合键并连续按【>】键，可以连续调大文字；按住【Shift+Ctrl】组合键并连续按【<】键，可以连续调小文字。
>
> 选择文字后，按住【Alt】键并按【→】键，可以增加文字间距；按住【Alt】键并按【←】键，可以缩小文字间距。

图 8-17

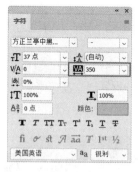

图 8-18

图 8-19

8.1.2 创建点文字

选择"横排文字工具" ![T] 或"直排文字工具" ![T]，在图像中需要输入文本的位置单击定位文本插入点，如图 8-20 所示。此时新建文字图层，直接输入文本，然后在工具属性栏中单击![✓]按钮完成点文本的创建，如图 8-21 所示。

图8-20　　　　　　　　　　　　　　　图8-21

　　创建文字时，可以根据需要设置文字的基本属性，包括文本字体、字号和颜色等。这些属性都可通过文字工具的工具属性栏来设置，如图 8-22 所示。

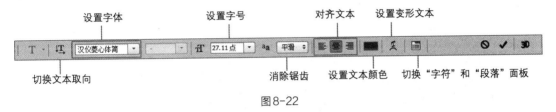

图8-22

　　"横排文字工具" **T** 的工具属性栏中相关选项的含义如下。

- 切换文本取向：单击 按钮，可使文本方向在水平方向与垂直方向之间转换。
- 设置字体：用于设置文本的字体。设置好字体后，其右侧的下拉列表将被激活，可在其中选择字体形态，包括常规、斜体、粗体、粗斜体等选项。
- 设置字号：用于设置文本的大小。
- 消除锯齿：用于设置文本的锯齿效果，包括无、锐利、平滑、浑厚等选项。
- 对齐文本：用于设置文字对齐方式，从左至右分别为左对齐、居中对齐和右对齐。
- 设置文本颜色：单击色块，可以打开"（拾色器）文本颜色"对话框，在其中可设置文字的颜色。
- 设置变形文本：单击 按钮，可在打开的"变形文字"对话框中为文本设置上弧或波浪等变形效果。
- 切换"字符"和"段落"面板：单击 按钮，可以显示或隐藏"字符"和"段落"面板，在面板中可设置文字的字符格式和段落格式。

8.1.3　创建段落文字

　　选择"横排文字工具" **T**，在其工具属性栏中设置字体、字号和颜色等参数后，将鼠标指针移动到图像窗口中，当鼠标指针变为 形状时，在适当的位置按住鼠标左键拖曳绘制出一个文字输入框，如图 8-23 所示。然后在其中输入横排段落文字，如图 8-24 所示。

　　在图像中输入横排段落文字后，可以直接单击工具属性栏中的"切换文本取向"按钮 ，将其转换成直排段落文字，如图 8-25 所示；也可以直接使用"直排文字工具" 在图像编辑区单击并拖曳鼠标创建一个文字输入框，再输入直排段落文字。

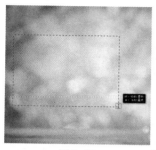

图 8-23   图 8-24   图 8-25

8.1.4 创建文字选区

Photoshop 提供了"横排文字蒙版工具" 和"直排文字蒙版工具" ，可以帮助设计人员快速创建文字选区。其创建方法与创建点文本的方法相似。选择其中一个工具后，在图像中需要输入文本的位置单击定位文本插入点，直接输入文本，如图 8-26 所示。然后在工具属性栏中单击 按钮完成文字选区的创建，如图 8-27 所示。文字选区与普通选区一样，可以进行移动、复制、填充、描边等操作。

图 8-26   图 8-27

8.1.5 创建路径文字

在平面设计中，设计人员可以通过路径来辅助文字的输入，使文字的排列产生意想不到的效果。

使用"钢笔工具" 在图像中绘制一条曲线路径，然后选择"横排文字工具" ，将鼠标指针移动到路径最顶端，当鼠标指针变成 形状时，单击鼠标左键，即可在路径上插入文本输入点，如图 8-28 所示。文字将沿路径形状自动排列，在工具属性栏中调整好文字属性，按【Ctrl+Enter】组合键确认输入，如图 8-29 所示。

图 8-28   图 8-29

在封闭的路径中也可输入文本,以丰富与修饰画面,或进行图文绕排处理。在路径内部输入文本的方法为:绘制封闭路径,将鼠标指针移动到封闭路径内部,当鼠标指针变为 ⌀ 形状时,单击即可将文本插入点定位到路径内部,然后输入文本。

8.1.6 使用字符样式和段落样式

Photoshop 中的"字符样式"和"段落样式"面板可以保存文字样式,并快速应用于其他文字和文本段落中,从而提高文字设计效率。

1. 字符样式

字符样式是文本的字体、大小、颜色等属性的集合。选择【窗口】/【字符样式】命令,打开"字符样式"面板,单击 🖪 按钮即可新建空白的字符样式,如图 8-30 所示。在"字符样式"面板中双击新建的字符样式,打开"字符样式选项"对话框,可以设置字体、字号、颜色等属性,如图 8-31 所示。单击 确定 按钮,使用"横排文字工具" T. 在图像中输入文字,即可将字符样式应用于输入的文字中,如图 8-32 所示。对于已有文字,则可以先选择文字,然后在"字符样式"面板单击应用字符样式。

图 8-30

图 8-31

图 8-32

2. 段落样式

段落样式的创建和使用方法与字符样式基本相同。选择【窗口】/【段落样式】命令,在打开的"段落样式"面板中单击 🖪 按钮,新建空白的段落样式,双击样式选项,在打开的"段落样式选项"对话框中设置段落属性并保存,如图 8-33 所示。然后选择文字图层,将段落样式应用到段落文本中。

图 8-33

8.2 编辑文本

Photoshop 的文字编辑功能强大,在输入文本并通过工具属性栏设置参数后,若不能满足设计需求,还可以选择文本,再对其进行更加细致的文字编辑与排版操作。

8.2.1 课堂案例——制作家居宣传单三折页

【制作要求】以"简约家居"为主题，采用图文结合的方式，制作一个宣传单三折页，要求尺寸为"28.5厘米×21厘米"，文字和图片排列清晰明了，版式设计具有高级感。

【操作要点】通过绘制图形划分板块，并安排素材图片位置，然后在图片周围输入点文字和段落文字，分别设置不同的文字属性。参考效果如图8-34所示。

【素材位置】配套资源:\素材文件\第8章\课堂案例\灯和多边形.psd、沙发.psd、桌子.psd、餐桌.jpg、家具.jpg、客厅沙发.jpg

【效果位置】配套资源:\效果文件\第8章\课堂案例\家居宣传单三折页.psd、家居宣传单三折页（效果图）.psd

视频教学:
课堂案例——制作
家居宣传单三折页

平面设计效果

实际应用效果

图8-34

本案例具体操作如下。

STEP 01 新建一个名称为"家居宣传单三折页"、宽度和高度为"28.5厘米×21厘米"、分辨率为"300像素/英寸"的文件。

STEP 02 选择【视图】/【新建参考线】命令，打开"新建参考线"对话框，单击选中"垂直"单选项，设置位置为"9.5厘米"，如图8-35所示。然后单击 确定 按钮创建参考线。

STEP 03 再次打开"新建参考线"对话框，设置位置为"19厘米"，再创建一条参考线，将画面分为3部分，如图8-36所示。

STEP 04 选择"多边形工具" ⬡，在工具属性栏中设置工具模式为"形状"、填充颜色为"#a6c6b8"、边数为6，在画面左侧绘制一个六边形，如图8-37所示。

图8-35

图8-36

图8-37

STEP 05 结合"钢笔工具" ✎ 和"直接选择工具" ▷，对图形每个角做圆滑编辑处理，效果如图8-38所示。

STEP 06 打开"客厅沙发.jpg"素材图像，使用"移动工具" 将其拖到六边形中，如图 8-39 所示。

STEP 07 选择【图层】/【创建剪贴蒙版】命令，隐藏超出六边形以外的图像，得到剪贴蒙版效果，如图 8-40 所示。

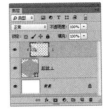

图 8-38   图 8-39   图 8-40

STEP 08 选择形状图层，按【Ctrl+J】组合键复制图层，将复制的图形向右下方移动，改变颜色为"#5f7d70"，如图 8-41 所示。

STEP 09 选择【图层】/【图层样式】/【投影】命令，打开"图层样式"对话框，设置投影颜色为"#17090a"，其他参数如图 8-42 所示。单击 确定 按钮得到投影效果。

STEP 10 选择【图层】/【创建剪贴蒙版】命令，创建剪贴蒙版，隐藏超出六边形以外的图形，再按【Ctrl+J】组合键复制一次添加投影的图像，并将其向左移动，效果如图 8-43 所示。

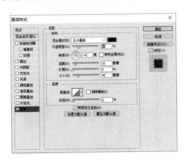

图 8-41   图 8-42   图 8-43

STEP 11 选择"横排文字工具" ，在六边形图形下方输入文字，然后选择【窗口】/【字符】命令，打开"字符"面板，设置字体为"汉仪菱心体简"、文字颜色为"#5f7d70"、文字大小为"10 点"、字距为"-70"，如图 8-44 所示。

STEP 12 选择【文字】/【转换为形状】命令，然后使用"直接选择工具" 选择并拖曳文字笔画，改变文字形状，如图 8-45 所示。

图 8-44   图 8-45

STEP 13 在文字下方继续输入中英文文字，并在工具属性栏中设置字体为"方正兰亭中黑"、文字颜色为"#5f7d70"，适当调整文字大小，效果如图 8-46 所示。

STEP 14 新建图层，选择"椭圆工具" ，在工具属性栏中选择工具模式为"形状"，设置填充为"无"、描边宽度为"1点"、描边颜色为"#5f7d70"，在较小的文字前方绘制一个圆环，并通过复制分别放到其他文字左侧，然后在圆环中和英文文字上方分别绘制部分实心椭圆，达到装饰效果，如图8-47所示。

图8-46

图8-47

STEP 15 打开"灯和多边形.psd"素材图像，使用"移动工具" 分别将其拖曳到宣传单中，并放到画面左上方，完成第一页的制作。

STEP 16 新建图层，选择"矩形选框工具" ，在两条参考线中间绘制一个矩形选区，填充"#e1ebe7"颜色，如图8-48所示。

STEP 17 复制两次多边形素材图像，适当调整大小后放到第二页右上方，然后打开"桌子.psd"素材图像，使用"移动工具" 分别将其拖曳过来，放到图8-49所示的位置。

STEP 18 选择"横排文字工具" ，在桌子上方输入文字"家居展示"，并在工具属性栏中设置字体为"方正兰亭大黑简体"、文字颜色为"#5f7d70"，然后在文字下方输入一行较小的英文，再输入"桌子"的中英文文字，设置字体为"方正大标宋体"、文字颜色为"黑色"，排列效果如图8-50所示。

图8-48

图8-49

图8-50

STEP 19 在桌子右侧再输入一行文字"简约餐桌"，然后在文字下方按住鼠标左键拖曳，绘制一个文本框，在其中输入文字内容，打开"段落"面板，单击"右对齐文本"按钮 ，设置段落文字对齐方式，如图8-51所示。然后在"字符"面板中设置字体为"方正大标宋体"、大小为"4点"、字距为"21"，如图8-52所示。

图8-51

图8-52

STEP 20 继续在下方桌子右侧输入点文字和段落文字内容，如图8-53所示。

STEP 21 在段落文字下方输入文字"强烈推荐"，在工具属性栏中设置字体为"方正兰亭中黑"，然后使用"矩形工具"▢在文字前方绘制一个描边矩形，并旋转90度，如图8-54所示。

STEP 22 制作沙发区域内容。使用"横排文字工具"T输入"椅子沙发"的中英文文字，并设置字体为"方正大标宋体"，填充"黑色"，然后打开"沙发.psd"素材图像，使用"移动工具"▸将其拖曳到宣传单中，排列成图8-55所示的样式。

图8-53

图8-54

图8-55

STEP 23 选择"钢笔工具"✒，在工具属性栏中设置工具模式为"形状"、填充颜色为"#607e71"，绘制一个树叶图形，并复制两次，分别放到沙发下方，如图8-56所示。

STEP 24 分别在每个树叶内部和下方输入文字，并分别设置文字颜色为"白色"和"黑色"，如图8-57所示。

STEP 25 在第二页底部输入一行文字，打开"字符"面板，设置字体为"方正汉真广标简体"、文字颜色为"#2a4438"，单击"仿斜体"按钮 T，效果如图8-58所示。

图8-56

图8-57

图8-58

STEP 26 制作第三页的内容。复制3次第一页中的六边形，将其放到第三页右上方，做重叠排列，并改变为不同深浅的绿色和灰色边框效果，如图8-59所示。

STEP 27 打开"家具.jpg"素材图像，将其放到画面右上方，按【Alt+Ctrl+G】组合键创建剪贴蒙版，隐藏超出六边形以外的图像，如图8-60所示。

图8-59

图8-60

STEP 28 绘制一个文本框，在其中输入段落文字，并在"段落"面板中设置对齐方式为"左对齐文本"，效果如图 8-61 所示。

STEP 29 排列好文字后，选择【文字】/【转换为段落文本】命令，将段落文字转换为点文字，如图 8-62 所示。

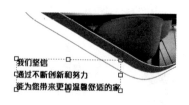

图8-61

图8-62

STEP 30 继续输入"品牌理念"的中英文文字内容，在工具属性栏中设置字体为"方正兰亭准黑简体"，并适当调整文字大小，使用"横排文字工具" ![T] 在下方绘制一个文本框，输入文字内容，如图 8-63 所示。

STEP 31 打开"餐桌.jpg"素材图像，使用"移动工具" ![移动] 将其拖到画面底部，如图 8-64 所示。最后保存文件。

图8-63

图8-64

行业知识

　　消费者需要在最短的时间内得到某产品或活动的信息，因此在设计宣传单折页时，总页数不宜过多，一般选择三折、四折，其中三折页的常见成品尺寸为 210 毫米 ×285 毫米和 420 毫米 ×285 毫米。

　　虽然折页中往往文字较多，但大多数消费者打开折页时，关注的重点通常还是图片。因此，设计人员设计折页时要使折页的文字信息具有针对性，力求做到言简意赅，同时要有吸引人的标题，文字与图片的排列要整齐、美观，这样才能使折页的内容吸引消费者浏览。

8.2.2 点文字与段落文字的转换

　　为了使排版更方便，可对创建的点文字与段落文字进行相互转换。要将点文字转换为段落文字，可选择需要转换的文字图层，在其上单击鼠标右键，在弹出的快捷菜单中选择"转换为段落文本"命令，如图 8-65 所示。要将段落文字转换为点文字，则使用相同的操作，在弹出的快捷菜单中选择"转换为点文本"命令。

8.2.3 创建变形文字

在平面设计作品中，经常可以看到一些文字变形效果。在 Photoshop 中可通过以下 3 种方法来创建变形文字，包括"文字变形"命令、"栅格化文字"命令和"转换为形状"命令。

1. 变形文字

Photoshop 提供了文字变形功能，可以将选择的文字设置成多种变形样式，从而提升文字的创意性。

创建变形文字的方法是：输入文字后，单击工具属性栏中的"创建文字变形"按钮 ，或选择【文字】/【文字变形】命令，打开图 8-66 所示的"变形文字"对话框，可通过设置将文字变成各式各样的变形效果。

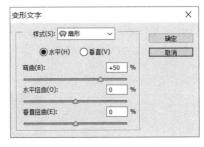

图 8-65　　　　　　　　　　　　　　　　　　　图 8-66

"变形文字"对话框中各选项的作用如下。

● 样式：用于设置变形的样式，该下拉列表中提供了 15 种预设变形样式。
● 水平：单击选中"水平"单选项，文字扭曲的方向将变为水平方向。
● 垂直：单击选中"垂直"单选项，文字扭曲的方向将变为垂直方向。
● 弯曲：用于设置文字的弯曲程度。
● 水平扭曲 / 垂直扭曲：可让文字产生透视扭曲效果。

2. 栅格化文字

在对文字进行栅格化处理后，可以自由变换文字。选择文本所在图层，单击鼠标右键，在弹出的快捷菜单中选择"栅格化文字"命令，如图 8-67 所示。将其转换为普通图层，然后选择【编辑】/【变换】命令，在弹出的子菜单中选择相应的命令，拖曳出现的控制点可进行透视、缩放、旋转、扭曲、变形等操作。图 8-68 所示为文本变形效果。

图 8-67　　　　　　　　　　　　　　　　　　　图 8-68

3. 转换为形状

输入文本后，在文字图层上单击鼠标右键，在弹出的快捷菜单中选择"转换为形状"命令，可将文字转换为形状，如图 8-69 所示。将文字转换为形状之后，使用"直接选择工具" 或"钢笔工具" 编辑路径，便可得到文字变形效果，如图 8-70 所示。

图 8-69

图 8-70

8.2.4 使用"字符"面板

通过文本工具的属性栏，仅能设置字体、字形、字号等部分文本格式。要进行更详细的设置，可选择【窗口】/【字符】命令，打开"字符"面板进行设置，"字符"面板集成了所有的字符属性，如图 8-71 所示。

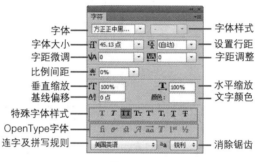

图 8-71

字体、字体样式、字体大小、文字颜色在工具属性栏中已经介绍过，下面介绍"字符"面板中其他选项的作用。

● 设置行距：用于设置文字的行间距。设置的数值越大，行间距越大；数值越小，行间距越小。选择"（自动）"选项将自动调整行间距。
● 字距微调：将鼠标指针插入文字当中，该下拉列表启用，选择或输入参数，可设置鼠标指针两侧文字的间距。
● 字距调整：选择部分字符后，可调整所选字符的字间距，如图 8-72 所示；没有选择字符时，将调整所有文字的字间距，如图 8-73 所示。

图 8-72

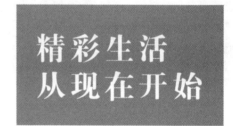

图 8-73

● 比例间距：用于以百分比的方式设置两个字符的字间距。
● 垂直缩放：用于设置文字的垂直缩放比例。

- 水平缩放：用于设置文字的水平缩放比例。
- 基线偏移：用于设置文字的基线偏移量。输入正值时字符位置将向上移，输入负值则向下移。
- 特殊字体样式：用于设置文字的字符样式。从左向右依次为"仿粗体""仿斜体""全部大写字母""小型大写字母""上标""下标""下划线""删除线"。
- OpenType 字体：这是一种特殊字体样式，选择不同的按钮可以设置对应的字体效果。
- 连字及拼写规则：可设置所选字体的关联字符和拼写规则语言。
- 消除锯齿：可选择消除文字边缘锯齿的方式。

8.2.5　使用"段落"面板

与设置字符格式一样，除了可以在文本工具属性栏中设置对齐方式外，还可通过"段落"面板进行更详细的设置。文字的段落格式包括对齐方式、缩进方式、避头尾和间距组合等。选择文字工具，将指针插入需要设置段落格式的文本中，或选中段落文字。选择【窗口】/【段落】命令，打开"段落"面板，如图 8-74 所示。

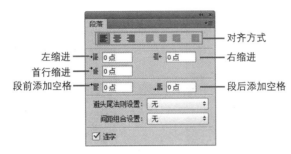

图 8-74

"段落"面板中各选项的作用如下。
- 左对齐：单击■按钮，段落文字左边缘被强制对齐，如图 8-75 所示。
- 居中对齐：单击■按钮，段落文字中间被强制对齐，如图 8-76 所示。
- 右对齐：单击■按钮，段落文字右边缘被强制对齐，如图 8-77 所示。
- 最后一行左对齐：单击■按钮，段落最后一行文字左对齐，且文字两端和文本框对齐。
- 最后一行居中对齐：单击■按钮，段落最后一行居中对齐，且其他行两端对齐，如图 8-78 所示。

图 8-75

图 8-76

图 8-77

图 8-78

- 最后一行右对齐：单击■按钮，段落最后一行右对齐，且其他行两端对齐，如图 8-79 所示。
- 全部对齐：单击■按钮，段落文字两端被强制对齐，如图 8-80 所示。
- 左缩进：横排段落文字可设置左缩进值，直排段落文字可设置顶端的缩进。图 8-81 所示为对第一段横排段落文字设置左缩进"50 点"后的效果。

● 右缩进：横排段落文字可设置右缩进值，直排段落文字可设置底端的缩进。图 8-82 所示为对第一段横排段落文字设置右缩进"60 点"后的效果。

图 8-79

图 8-80

图 8-81

图 8-82

● 首行缩进：用于设置段落首行缩进值，如图 8-83 所示。
● 段前添加空格：用于设置当前段与上一段之间的距离，将鼠标指针插入第二段开头，设置段前添加空格为"100 点"，效果如图 8-84 所示。

图 8-83

图 8-84

● 段后添加空格：用于设置当前段与下一段之间的距离，设置时需要将鼠标指针插入该段文字末尾处。
● 避头尾法则设置：用于设置避免每行头尾显示标点符号的规则。
● 间距组合设置：用于设置自动调整字间距时的规则。
● 连字：勾选该复选框，可以防止外文单词在行尾断开，可为其形成连字符号，使剩余的部分自动换到下一行。

8.3 综合实训

8.3.1 制作招聘广告

新创广告传媒公司是一家主营广告设计和媒体传播的公司。公司在拓展业务后，设计师团队出现了人手不足的情况，因此准备招聘新人。现需要为该公司制作一则招聘广告，要求在广告中体现招聘岗位名称与岗位要求，以及公司名称、地址、电话等信息，并设置合适的字体、大小及颜色等，使文字排列有主有次。表 8-1 所示为招聘广告制作任务单，任务单给出了明确的实训背景、制作要求、设计思路和参考效果等。

表 8-1 招聘广告制作任务单

实训背景	招聘宣传广告主要用于企事业单位在招聘时期进行广告宣传，它是一种图文并茂、直观形象的宣传手段。新创广告传媒公司近期扩大了业务范围，增加了网络广告宣传业务，现需要招聘平面设计师和网络营销人员来满足业务需求
尺寸要求	60 厘米 ×80 厘米
数量要求	1 张，可同时用于户外展架及网络宣传
制作要求	1. 风格 以简约几何风格为主，结合铅笔工具和钢笔工具绘制线条和几何背景，再添加文字内容，并做艺术排版设计 2. 色彩与字体搭配 （1）色彩搭配：使用撞色背景搭配方式，使整体画面更引人注意；字体颜色可选择白色和暖色系，营造和谐、统一的效果 （2）字体搭配：建议选择具有棱角的字体，并编辑不同的造型和颜色，使文字效果新颖，体现出广告公司活跃的氛围 3. 文案 突出招聘标题，将招聘职位做板块划分，并添加详细内容
设计思路	绘制充满设计感的几何背景，然后对文字进行分类设计，将主题文字与具体招聘内容区分开来，形成不同的板块
参考效果	
效果位置	配套资源 :\ 效果文件 \ 第 8 章 \ 综合实训 \ 招聘广告 .psd

本实训的操作提示如下。

STEP 01 新建一个大小为"60 厘米 ×80 厘米"、分辨率为"72 像素 / 英寸"、名称为"招聘广告"的文件，为背景填充"#67c6e2"颜色。

STEP 02 新建图层，设置前景色为"白色"，选择"铅笔工具" ，设置画笔大小为"8 像素"，然后按住【Shift】键拖曳鼠标在画面顶部绘制一条水平直线。

STEP 03 按【Ctrl+J】组合键复制多条直线，并适当向下移动做均匀排列。使用同样的方法绘制多条垂直方向的直线，然后选择除背景图层以外的图层，按【Ctrl+E】组合键合并图层，得到背景图像。

视频教学：
制作招聘广告

STEP 04 选择"椭圆工具" ⬭ ，在工具属性栏中设置工具模式为"形状"、填充为"白色"、描边为"黑色"、描边宽度为"4.8像素"，在画面底部绘制出多个重叠的圆形，按【Ctrl+J】组合键复制对象，并填充"#fdd000"颜色。

STEP 05 以相同的方式，在图像中绘制其他圆形，并填充不同的颜色。

STEP 06 选择"横排文字工具" T ，在画面上方单击插入鼠标指针输入文字，然后选择文字，在工具属性栏中设置字体为"方正大标宋简体"、大小为"277点"、颜色为"白色"。

STEP 07 选择【编辑】/【变换】/【斜切】命令，适当调整文字倾斜度，然后输入其他文字，并设置不同的字体、大小和颜色。

STEP 08 选择"圆角矩形工具" ⬭ ，在工具属性栏中设置工具模式为"形状"、填充为"白色"、描边为"黑色"、描边宽度为"4像素"、半径为"15像素"，在文字下方按住鼠标左键拖曳，绘制一个圆角矩形，复制并适当向下移动。

STEP 09 在工具属性栏中改变半径为"50像素"，再绘制一个圆角矩形，填充"#e06222"颜色，复制该圆角矩形，适当向下移动。

STEP 10 在橘红色圆角矩形中分别输入文字"平面设计师"和"网络营销"，并在工具属性栏中设置字体为"方正兰亭中黑简体"、颜色为"白色"。

STEP 11 选择"横排文字工具" T ，在白色圆角矩形中按住鼠标左键拖曳，绘制一个文本框，在其中输入文字，将鼠标光标插入最后一个文字末尾处，按住鼠标左键向第一个字拖曳，选择文本框中的所有文字，然后在工具属性栏中设置字体为"方正兰亭准黑简体"、文字颜色为"黑色"，调整文字的大小。

STEP 12 继续在图像中输入其他文字，最后保存文件。

8.3.2 制作美食画册内页

某蛋糕店为提高店铺销量，特意请设计人员制作一本精美画册，在其中展示店内的各种美食，希望能起到宣传作用，并将蛋糕作为一个重点美食项目，用两页来进行产品展示。表8-2所示为蛋糕店画册内页制作任务单，任务单给出了明确的实训背景、制作要求、设计思路和参考效果。

表8-2 美食画册内页制作任务单

实训背景	画册是企业对外的一个展示平台，主要起着宣传的作用。某蛋糕店需要制作一本美食画册，放在店内供客户随手翻看赏阅，并达到长期宣传本店特色美食的目的。要求将其中一款蛋糕产品制作成画册内页，作为其他产品的设计模板使用
尺寸要求	42厘米 × 27厘米
数量要求	2页画册内页
制作要求	1. 风格 使用简约大气的排版方式，将产品图片作为重点展示对象 2. 文案 将文字做中英文展示，运用到产品图片内部和周围 3. 构图 做居中构图处理，将文字和图片整齐排列，得到统一和谐的版面效果

设计思路	将产品素材图像添加到画面醒目位置，让文字作为辅助内容，通过输入点文字和段落文字的方式，设置不同的文字属性，达到主次分明、美观的排列效果
参考效果	
素材位置	配套资源 :\ 素材文件 \ 第 8 章 \ 综合实训 \ 蛋糕 .psd
效果位置	配套资源 :\ 效果文件 \ 第 8 章 \ 综合实训 \ 美食画册内页 .psd

本实训的操作提示如下。

STEP 01 新建一个图像文件，设置大小为"42 厘米 ×27 厘米"，选择【视图】/【新建参考线】命令，打开"新建参考线"对话框，设置取向为"垂直"、位置为"21厘米"。

STEP 02 为背景填充"#f6e0d7"颜色，打开"蛋糕 .psd"图像文件，使用"移动工具" 将两个蛋糕图像分别拖到画册两边。

STEP 03 新建一个图层，选择"矩形选框工具" ，在左侧蛋糕图像中绘制一个矩形选区，选择【编辑】/【描边】命令，打开"描边"对话框，设置描边宽度为"1像素"、颜色为"灰色"，单击 确定 按钮得到描边图像，再使用"矩形选框工具" 框选左上方的描边图像，按【Delete】键删除，以便后期输入文字。

STEP 04 继续绘制其他矩形图像，并填充不同的颜色。使用"直排文字工具" 在左侧蛋糕图像中输入文字，在工具属性栏中设置字体为"方正兰亭中黑简体"。

STEP 05 选择"横排文字工具" ，在图像右下方按住鼠标左键拖曳，绘制两个文本框并输入文字。

STEP 06 将鼠标指针插入第一个文本框末尾处，拖曳鼠标选择整个段落文字，在"字符"面板中设置字体为"方正大标宋体"、大小为"11 点"、行距为"12 点"、颜色为"黑色"。

STEP 07 选择第一行文字，设置字体为"方正大黑简体"、大小为"12 点"。将鼠标指针插入文字"做法一"末尾处，打开"段落"面板，设置段后添加空格为"8 点"。

STEP 08 拖曳鼠标选择第一个文本框中的其他文字，在"段落"面板中设置左缩进为"15 点"，得到段前空格文字排列效果。

STEP 09 选择第二个文本框中的段落文字，使用相同的方法设置字符和段落样式。然后分别输入其他点文字内容，并设置不同的文字属性，最后保存文件。

8.4
课后练习

练习 1 制作儿童游玩区示意图

【制作要求】利用提供的素材在其中添加文字内容，制作儿童游玩区示意图，要求采用活泼卡通风格。

【操作提示】制作时首先输入相关文字，然后根据设计需求选择卡通类字体，并设置相应的字号和颜色等，对文字进行适当的美化。参考效果如图 8-85 所示。

【素材位置】配套资源：\素材文件\第 8 章\课后练习\卡通图 .jpg

【效果位置】配套资源：\效果文件\第 8 章\课后练习\儿童游玩区示意图 .psd

练习 2 制作名片

【制作要求】在名片中添加文字内容，要求文字排列整齐大方、主次分明。

【操作提示】制作时可选择具有卡通效果的字体与标志相搭配，并为文字填充与名片图案相同的颜色，使整个名片排版统一。参考效果如图 8-86 所示。

【素材位置】配套资源：\素材文件\第 8 章\课后练习\名片背景 .jpg

【效果位置】配套资源：\效果文件\第 8 章\课后练习\制作名片 .psd

图 8-85

图 8-86

第 **9** 章

使用通道与蒙版

通道与蒙版是 Photoshop 中非常重要的功能。使用通道可以对图像的色彩进行深入的调整与改变，丰富图像的视觉效果。不仅如此，使用通道还能抠取复杂图像，精确地分离出图像中的特定部分，为后续的合成提供素材。而使用蒙版则可在不改变原图像的前提下，隐藏或显示部分图像内容，实现各种创意的合成效果。

📖 **学习要点**

◎ 掌握通道的基本操作和通道计算方法。
◎ 掌握快速蒙版、图层蒙版、剪贴蒙版、矢量蒙版的使用方法。

◇ **素养目标**

◎ 培养创新思维，提高实践能力。
◎ 培养图像合成能力，提升沟通能力。

▧ **扫码阅读**

案例欣赏

课前预习

使用通道

在图像处理过程中，若需要抠取某个复杂的半透明图像，如婚纱、玻璃水杯等，可使用通道快速完成。

9.1.1 课堂案例——抠取玻璃杯

【制作要求】某店铺准备为一款玻璃杯替换背景，以便展示该玻璃杯，要求抠取的玻璃杯在不影响通透性的同时，保持轮廓完整、清晰。

【操作要点】使用通道、通道计算抠取玻璃杯素材中的玻璃杯，将抠取后的玻璃杯运用到背景中。参考效果如图9-1所示。

【素材位置】配套资源:\素材文件\第9章\课堂案例\"抠取玻璃杯素材"文件夹

【效果位置】配套资源:\效果文件\第9章\课堂案例\玻璃杯.psd

素材效果　　　　　　　抠取玻璃杯　　　　　　　实际应用效果

图9-1

本案例具体操作如下。

STEP 01 打开"玻璃杯.jpg"素材文件，如图9-2所示。按【Ctrl+J】组合键复制背景图层。

STEP 02 选择"钢笔工具"，设置工具模式为"路径"，沿着玻璃杯轮廓绘制路径，如图9-3所示。打开"路径"面板，双击路径打开"存储路径"对话框，设置路径名称为"路径1"，单击 确定 按钮，效果如图9-4所示。

视频教学:
抠取玻璃杯

STEP 03 按【Ctrl+Enter】组合键，将绘制的路径转换为选区，单击"通道"面板中的"将选区储存为通道"按钮，创建"Alpha 1"通道，选区自动填充白色，如图9-5所示。

STEP 04 复制黑白对比更鲜明的"红"通道，得到"红 副本"通道。按【Ctrl+D】组合键取消选区，如图9-6所示。

STEP 05 选择【图像】/【计算】命令，打开"计算"对话框，设置源2通道为"Alpha1"、混合为"减去"，单击 ▭确定▭ 按钮，如图9-7所示。

图9-2

图9-3

图9-4

图9-5

图9-6

图9-7

△ 提示

在 Alpha 通道中，白色代表可被选择的区域，黑色代表不可被选择的区域，灰色代表可被部分选择的区域，即羽化或半透明区域。因此使用白色画笔涂抹 Alpha 通道可扩大选区范围，使用黑色画笔涂抹 Alpha 通道可收缩选区范围，使用灰色可扩大羽化或半透明范围。

STEP 06 查看计算通道后的效果，再在"通道"面板底部单击"将通道作为选区载入"按钮，载入通道的玻璃杯选区，如图9-8所示。

STEP 07 切换到"图层"面板，选择"图层1"，按【Ctrl+J】组合键复制选区到"图层2"上，隐藏其他图层，如图9-9所示。查看抠取的玻璃杯效果，如图9-10所示。

图9-8

图9-9

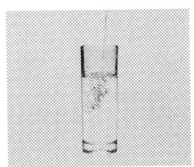
图9-10

STEP 08 由于抠取后的玻璃杯只有大致的轮廓，若需要更好地展示玻璃杯，可显示并选择"图层1"，单击"路径"面板中"路径1"前的缩览图，载入选区，再切换到"图层"面板，按【Ctrl+J】组合键复制选区，然后将复制后的图层移动到"图层2"上方，设置混合模式为"浅色"、不透明度为"50%"，再次隐藏"图层1"，如图9-11所示。此时发现整个玻璃杯轮廓清晰，简洁通透，如图9-12所示。

STEP 09 打开"玻璃杯背景.jpg"素材文件，切换到"玻璃杯.jpg"文件中，将抠取好的图片拖到"玻璃杯背景.jpg"素材文件中，并调整大小与位置，如图9-13所示。完成后保存文件。

图9-11

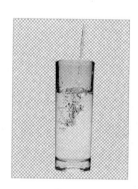

图9-12

图9-13

9.1.2 通道的基本操作

通道作为合成图像的重要手段，可以实现颜色选择、色彩修正、图像分离与合成等多种图像处理操作，制作出精美、独特的图像效果。选择【窗口】/【通道】命令，打开"通道"面板，在其中可以进行创建通道、复制与删除通道、分离和合并通道等操作。

1. 创建通道

通道有颜色通道、专色通道和Alpha通道3种类型，并且每种通道有不同的创建方法。

- 创建颜色通道。在Photoshop中打开或新建一个图像文件后，"通道"面板将自动创建颜色通道。
- 创建专色通道。单击"通道"面板右上角的■按钮，在弹出的下拉菜单中选择"新建专色通道"命令，便可创建专色通道。
- 创建Alpha通道。单击"通道"面板右上角的■按钮，在弹出的下拉菜单中选择"新建通道"命令，便可创建Alpha通道。

资源链接：认识通道和"通道"面板

2. 复制与删除通道

处理通道时，为了不影响源通道中的信息，通常需先复制要编辑的通道。此外，为了避免出现操作失误，以及减小图像文件大小，可删除不需要的通道。这些操作都建立在已选中所需通道的基础上。

- 通过拖曳通道。将通道拖到"创建新通道"按钮■上，可复制该通道；将通道拖到"删除当前通道"按钮■上，可删除该通道。

● 通过■按钮。单击面板右上角的■按钮，在弹出的下拉菜单中选择"复制通道"命令，可复制该通道；选择"删除通道"命令，可删除该通道。

● 通过鼠标右键。单击鼠标右键，在弹出的快捷菜单中选择"复制通道"命令，可复制该通道；选择"删除通道"命令，可删除该通道。

3. 分离和合并通道

若需要分别处理各个通道中的图像，可先分离通道，再对各个通道进行操作，以提高效率。由于分离出来的通道文件以灰度模式显示，所以处理完成后还需将分离出来的通道文件合并，才能查看处理后的颜色效果。

（1）分离通道

打开图像文件后，单击"通道"面板右上角的■按钮，在弹出的下拉菜单中选择"分离通道"命令，可分别为单个通道创建图像文件。分离出来的文件数受图像文件的颜色模式影响，并且图像文件信息与源图像文件各颜色通道的信息一致。

（2）合并通道

选择任意一个分离出来的文件，单击"通道"面板右上角的■按钮，在弹出的下拉菜单中选择"合并通道"命令，如图9-14所示。打开"合并通道"对话框，在"模式"下拉列表中选择合并模式，如选择"RGB颜色"选项，单击 确定 按钮，如图9-15所示。打开"合并RGB通道"对话框，保持指定通道的默认设置，单击 确定 按钮，如图9-16所示。合并通道后，"通道"面板如图9-17所示。

图9-14

图9-15

图9-16

图9-17

9.1.3 通道计算

"计算"命令的作用与图层混合模式类似，但没有那么单一，使用"计算"命令能运算同一个图像文件或多个图像文件中的通道，使其生成新的文档、通道、选区等，更便于调整图像。打开图像文件，选择【图像】/【计算】命令，打开"计算"对话框，设置源1通道、源2通道和混合模式，单击 确定 按钮，如图9-18所示。在"通道"面板中可以查看计算后新生成的Alpha通道，如图9-19所示。

资源链接：
"计算"对话框
参数详解

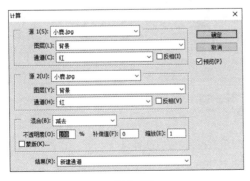
图9-18

图9-19

9.2
使用蒙版

使用蒙版类似于在图层上添加一张隐藏的纸，可以隔离和保护图像中的某个区域，通过改变纸的外形来控制图像的显示效果。它是合成图像的重要工具，也是平面设计中的常用操作。Photoshop 提供了4 种蒙版，包括快速蒙版、图层蒙版、矢量蒙版和剪贴蒙版，设计人员在处理图像时可根据具体需求进行选择。

9.2.1 课堂案例——制作美食宣传易拉宝

【制作要求】某餐饮店铺近期准备推出麻辣小龙虾，需要制作尺寸为"80 厘米 ×200 厘米"的易拉宝，向消费者展示小龙虾的美味和优惠信息，以吸引更多的食客前来品尝。

【操作要点】使用快速蒙版、图层蒙版制作易拉宝背景，输入标题文字，使用剪贴蒙版在文字中置入图像，最后输入其他文字。参考效果如图 9-20 所示。

【素材位置】配套资源 :\ 素材文件 \ 第 9 章 \ 课堂案例 \ "美食宣传易拉宝素材" 文件夹

【效果位置】配套资源 :\ 效果文件 \ 第 9 章 \ 课堂案例 \ 美食宣传易拉宝 .psd

完成后的效果

应用展示效果

图9-20

本案例具体操作如下。

STEP 01 新建一个"80 厘米 ×200 厘米"的图像文件，设置前景色为"#07060b"，按【Alt+Delete】组合键填充前景色。打开"小龙虾 .png"素材文件，使用"移动工具" ▶⊕ 将其拖到图像下方，按【Ctrl+T】组合键调整图像大小，如图 9-21 所示。

STEP 02 在工具箱底部单击"以快速蒙版模式编辑"按钮 回，选择"画笔工具" ，在工具属性栏中设置画笔样式为"喷溅 59 像素"、大小为"504 像素"，在小龙虾图片上方按住鼠标左键拖曳，发现拖曳区域呈红色显示，如图 9-22 所示。单击"以标准模式编辑"按钮 回，发现除拖曳区域外的其他区域全被选择，如图 9-23 所示。按【Delete】键删除选区外的区域，再按【Ctrl+D】组合键取消选区，如图 9-24 所示。

STEP 03 打开"小龙虾 2.jpg"素材文件，使用"移动工具" 将其拖到图像下方，按【Ctrl+T】组合键调整图像大小，如图 9-25 所示。

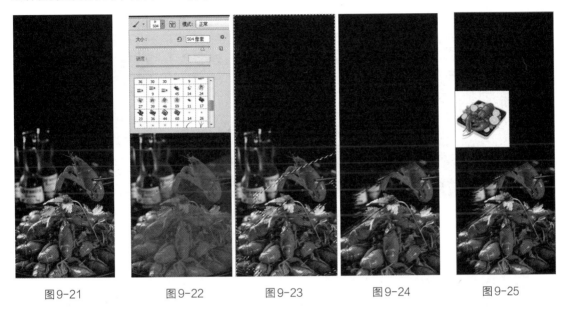

图9-21   图9-22   图9-23   图9-24   图9-25

STEP 04 选择"图层 2"，单击"添加图层蒙版"按钮 回，设置前景色为"#000000"，使用"画笔工具" 涂抹小龙虾外侧，隐藏外部图像，在"图层"面板中隐藏的部分将以黑色显示，如图 9-26 所示。

STEP 05 打开"小龙虾 3.jpg"素材文件，使用"移动工具" 将其拖到图像右上方，按【Ctrl+T】组合键调整图像大小，选择该图层，单击"添加图层蒙版"按钮 回，设置前景色为"#000000"，选择"魔棒工具" ，在白色背景上单击创建选区，按【Alt+Delete】组合键填充前景色，此时发现隐藏的部分以黑色显示，如图 9-27 所示。

图9-26

图9-27

STEP 06 使用"椭圆工具" ⚪在小龙虾左侧绘制3个"420像素 × 420像素"的正圆，并设置填充颜色为"#ff0000"，如图9-28所示。

STEP 07 选择"横排文字工具" T.，在图像右侧分别输入"麻""辣""小""龙""虾"文字，在工具属性栏中设置字体为"方正字迹 - 邢体草书简体"。再设置"麻""辣"文字颜色为"#ff0000"，其他文字颜色为"#ffffff"，然后调整文字大小和位置，效果如图9-29所示。

STEP 08 打开"金箔.jpg"素材文件，使用"移动工具" ▶将所有图层拖到"麻"文字所在图层上方，调整各个图层的大小和位置。按【Alt+Ctrl+G】组合键创建一个剪贴蒙版图层，效果如图9-30所示。

图9-28

图9-29

图9-30

STEP 09 复制"金箔"图像所在图层，将其拖到"辣"文字所在图层上方，按【Alt+Ctrl+G】组合键创建一个剪贴蒙版图层，然后调整金箔的位置，效果如图9-31所示。

STEP 10 选择"横排文字工具" T.，在"麻辣"文字右侧输入"SPICY　LOBSTER"文字，在工具属性栏中设置字体为"思源宋体 CN"、文字颜色为"#ffffff"，然后调整文字的大小和位置，并旋转文字，效果如图9-32所示。

STEP 11 选择"横排文字工具" T.，输入其他文字，在工具属性栏中设置字体为"思源黑体 CN"、字体样式为"Medium"、文字颜色为"#ffffff"，调整文字的大小和位置，效果如图9-33所示。最后保存文件。

图9-31

图9-32

图9-33

　　易拉宝又称海报架、展示架，一般为竖立式宣传海报，常见于人流量大的街头，常见尺寸有 80 厘米 × 200 厘米、85 厘米 ×200 厘米、90 厘米 ×200 厘米、100 厘米 ×200 厘米、120 厘米 ×200 厘米。在设计易拉宝时，要求整体布局简洁明了，避免过多的文字和图片，以简洁清晰的方式传达主要信息；设计要具有层次感，突出主题，在视觉上具有吸引力；在材质选择上应使用耐用、防水、不易变形的材质。

9.2.2　快速蒙版

　　快速蒙版又称临时蒙版，可以将任何选区作为蒙版编辑，还可以使用多种工具和滤镜命令来修改蒙版，常用于选取复杂图像或为特殊图像创建选区。

　　打开图像文件，单击工具箱底部的"以快速蒙版模式编辑"按钮 ，进入快速蒙版编辑状态，此时使用"画笔工具" 在蒙版区域涂抹，绘制的区域将呈半透明的红色显示，该区域为设置的保护区域。单击工具箱中的"以标准模式编辑"按钮 ，将退出快速蒙版模式，此时在蒙版区域呈红色显示的图像位于生成的选区之外，若不需要该区域，则直接按【Delete】键删除，如图 9-34 所示。

原图

在蒙版区域涂抹

删除蒙版转换为选区后的效果

图 9-34

9.2.3　图层蒙版

　　图层蒙版是一个具有 256 级色阶的灰度图像，它本身不可见，相当于盖在图层上方，能够起到隐藏下方图层指定区域的作用。其中蒙版的黑色区域表示完全遮挡，蒙版的白色区域表示完全显示，蒙版的灰色区域表示呈半透明状态显示，且灰色越接近黑色，遮挡效果越明显，如图 9-35 所示。

原图

蒙版效果

图 9-35

1. 创建图层蒙版

在 Photoshop 中创建图层蒙版的方式有以下两种。

（1）通过菜单命令

选择需要创建图层蒙版的图层，然后选择【图层】/【图层蒙版】命令，在弹出的子菜单中选择相应的命令进行创建，如图 9-36 所示。当图层中未存在任何特殊区域时，可选择"显示全部"或"隐藏全部"命令，创建显示或隐藏全部图层内容的蒙版；当在图层中创建了选区时，可选择"显示选区"或"隐藏选区"命令，创建只显示或隐藏选区内容的图层蒙版；当图层中存在透明区域时，可选择"从透明区域"命令，创建隐藏透明区域的图层蒙版。

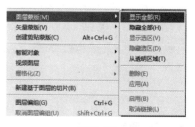

图9-36

（2）通过按钮

选择需要创建图层蒙版的图层，单击"图层"面板底部的"添加图层蒙版"按钮，或直接将该图层拖到该按钮上。默认情况下，将创建显示全部图层内容的图层蒙版，即纯白色的蒙版；若按住【Alt】键的同时单击该按钮，则创建隐藏全部图层内容的图层蒙版，即纯黑色的蒙版。

2. 图层蒙版的基本操作

创建图层蒙版后，可根据图像处理需求对其进行相应的操作。

（1）编辑图层蒙版

图层蒙版是位图，因此可使用大多数工具和滤镜进行编辑，其中常用的有"画笔工具"和"渐变工具"。编辑图层蒙版的方法为：选择图层蒙版，如图 9-37 所示。选择相应的工具，如选择"画笔工具"，此时工具箱中的背景色和前景色自动变为白色（或灰色）和黑色（或灰色），且不能设置为彩色，然后在图层中涂抹，如图 9-38 所示。完成后发现蒙版缩览图中白色区域为显示区域，黑色区域为隐藏区域，如图 9-39 所示。完成后的效果如图 9-40 所示。

图9-37

图9-38

图9-39

图9-40

（2）停用/启用图层蒙版

当需要隐藏图层蒙版以查看原始图层的图像效果时，可停用图层蒙版。其操作方法为：选择需要隐藏的图层蒙版，然后选择【图层】/【图层蒙版】/【停用】命令，或在图层蒙版上单击鼠标右键，在弹出的快捷菜单中选择"停用图层蒙版"命令，如图 9-41 所示。该图层蒙版上显示为样式，如图 9-42 所示。要重新启用该图层蒙版，可直接在停用的图层蒙版上单击鼠标左键。

（3）删除图层蒙版

要删除图层蒙版，可选择【图层】/【图层蒙版】/【删除】命令，或在图层蒙版上单击鼠标右键，在弹出的快捷菜单中选择"删除图层蒙版"命令；将图层蒙版直接拖到底部的"删除"按钮上，如图

9-43 所示。此时弹出提示框，如图 9-44 所示。若单击 应用 按钮，则先合并图层蒙版与图层，并删除图层蒙版；若单击 取消 按钮，则取消删除图层蒙版；若单击 删除 按钮，则直接删除图层蒙版。

图9-41　　　　　　图9-42　　　　　　图9-43　　　　　　图9-44

（4）取消链接图层蒙版

创建图层蒙版后，图层与图层蒙版之间将显示 图标，表示图层与图层蒙版相互链接。当对图像进行变形操作时，图层蒙版也会同步变形。若不想变形图层蒙版，则直接单击 图标取消链接。若想重新链接，单击取消链接的位置处，即可恢复链接。

（5）移动 / 复制图层蒙版

若需要将图层蒙版移动至其他图层中，可直接将图层蒙版拖到其他图层上；若按住【Alt】键不放，并将图层蒙版拖到其他图层上，则可复制该图层蒙版到其他图层中。

9.2.4　剪贴蒙版

通过剪贴蒙版可以使用一个图层控制另一个或多个图层的显示区域。剪贴蒙版由基底图层和内容图层组成，其中内容图层用于控制最终图像的显示内容，而基底图层位于内容图层下方，用于限制内容图层的显示范围，且图层组也可作为基底图层。基底图层的名称带有下划线，而内容图层的缩览图是向右缩进显示的，且左侧带有 图标，如图 9-45 所示。在剪贴蒙版中只能拥有一个基底图层，但可以拥有多个内容图层（必须是连续的图层）。

原图　　　　　　　　　　创建剪贴蒙版　　　　　　　　完成后的效果

图9-45

1. 创建剪贴蒙版

在"图层"面板中调整基底图层和内容图层的顺序之后，可通过以下 3 种方式创建剪贴蒙版。

● 通过菜单命令：选择内容图层，然后选择【图层】/【创建剪贴蒙版】命令或按【Alt+Ctrl+G】组合键，可创建剪贴蒙版。

- 通过快捷菜单命令：在内容图层上单击鼠标右键，在弹出的快捷菜单中选择"创建剪贴蒙版"命令，可创建剪贴蒙版。
- 通过鼠标指针：按住【Alt】键不放，将鼠标指针移至基底图层和内容图层之间的分界线上，当鼠标指针变为形状时单击鼠标左键，可创建剪贴蒙版。

🔔 提示

创建剪贴蒙版后，若还需要添加多个内容图层，可直接将普通图层拖到基底图层和内容图层之间，然后根据需要调整内容图层的顺序。

2. 释放剪贴蒙版

创建剪贴蒙版后，若效果不太理想，则可通过以下4种方式释放剪贴蒙版。

- 通过拖曳内容图层：选择内容图层，直接将其拖至基底图层下方进行释放。
- 通过菜单命令：选择内容图层，然后选择【图层】/【释放剪贴蒙版】命令或按【Alt+Ctrl+G】组合键，可释放所选图层及其上方所有的内容图层。
- 通过快捷菜单命令：在内容图层上单击鼠标右键，在弹出的快捷菜单中选择"释放剪贴蒙版"命令，可释放所选图层及其上方所有的内容图层。
- 通过鼠标指针：按住【Alt】键不放，将鼠标指针移至基底图层和内容图层之间的分界线上，当鼠标指针变为形状时单击鼠标左键，可释放所选图层及其上方所有的内容图层。

9.2.5 矢量蒙版

矢量蒙版是使用形状工具组、钢笔工具组等矢量绘图工具创建的蒙版，它可以在图层上绘制路径形状控制图像的显示和隐藏，并且可以随时调整与编辑路径节点，创建精确的蒙版区域。创建矢量蒙版的方法较为简单：选择素材图像，然后使用工具绘制路径，再选择【图层】/【矢量蒙版】/【当前路径】命令，可基于当前路径创建矢量蒙版，如图9-46所示。

原图　　　　　　创建矢量蒙版　　　　　　完成后的效果

图9-46

创建矢量蒙版后，可以进行以下操作。

- 在矢量蒙版中添加形状：创建矢量蒙版后，在矢量蒙版缩览图上单击鼠标左键，可继续使用钢笔工具或形状工具在矢量蒙版中绘制，添加形状。
- 变换矢量蒙版中的形状：在需要调整的矢量蒙版缩览图上单击鼠标左键，然后选择"路径选择工具"，在形状上单击鼠标左键，当形状周围出现路径和锚点时，可通过编辑路径和锚点变换该形状。
- 将矢量蒙版转换为图层蒙版：在矢量蒙版缩览图上单击鼠标右键，在弹出的快捷菜单中选择"栅格化矢量蒙版"命令，可将其转换为图层蒙版。

知识拓展 为矢量蒙版所在图层添加图层样式后，在图层名称右侧的空白处双击，打开"图层样式"对话框，在"混合选项"的设置中勾选"矢量蒙版隐藏效果"复选框，矢量蒙版的区域将不会受到图层样式的影响。

9.3 综合实训

9.3.1 抠取婚纱

某婚纱店铺为了方便在各类海报中使用婚纱照片，需要先将拍摄的婚纱照片抠取出来，但是婚纱为半透明材质，直接抠取会显得过于呆板。为了使婚纱海报更加美观，要求抠取的婚纱效果通透自然，完成后的海报效果美观，符合宣传主题。表9-1所示为抠取婚纱任务单，任务单给出了明确的实训背景、制作要求、设计思路和参考效果等。

表9-1 抠取婚纱任务单

实训背景	某婚纱店铺为了方便婚纱能在各类海报中使用，先将婚纱照片抠取出来，抠取效果要保持婚纱的半透明特性
尺寸要求	1920 像素 ×900 像素
数量要求	1 张
制作要求	1. 细节保留 在抠图过程中，需要确保婚纱的细节（如蕾丝、珠片、褶皱等）得到完整保留 2. 背景处理 在替换背景时，需要注意新背景与婚纱的融合度，避免出现突兀或不协调的情况
设计思路	使用"通道""计算"命令抠取婚纱素材中的人物，将抠取后的人物运用到背景中
参考效果	 抠取后的人物　　　　　　　　人物海报效果
素材位置	配套资源 :\ 素材文件 \ 第 9 章 \ 综合实训 \ 婚纱 .jpg、婚纱背景 .jpg
效果位置	配套资源 :\ 效果文件 \ 第 9 章 \ 综合实训 \ 婚纱海报 .psd

本实训的操作提示如下。

STEP 01 打开"婚纱.jpg"素材文件，按【Ctrl+J】组合键复制背景图层，得到"图层1"。

STEP 02 选择"钢笔工具" ，设置工具模式为"路径"，沿着人物轮廓绘制路径，注意绘制的路径不包括半透明的婚纱部分。打开"路径"面板，双击路径，打开"存储路径"对话框，设置路径名称为"路径1"，单击 确定 按钮。

STEP 03 按【Ctrl+Enter】组合键，将绘制的路径转换为选区，注意若发现选区为人物外的背景，则需要先按【Shift+Ctrl+I】组合键反选选区，单击"通道"面板中的"将选区储存为通道"按钮，创建"Alpha 1"通道，选区将自动填充白色。

STEP 04 复制黑白对比更鲜明的"蓝"通道，得到"蓝 副本"通道。选择该通道，使用"钢笔工具" 创建背景路径，按【Ctrl+Enter】组合键将路径转化为选区，再为选区填充黑色，按【Ctrl+D】组合键取消选区。

STEP 05 选择【图像】/【计算】命令，打开"计算"对话框，设置源2通道为"Alpha1"、混合为"相加"，单击 确定 按钮。

STEP 06 查看计算通道后的效果，在"通道"面板底部单击"将通道作为选区载入"按钮，载入通道的人物选区。

STEP 07 切换到"图层"面板，选择"图层1"，按【Ctrl+J】组合键复制选区到"图层2"上，隐藏其他图层，查看抠取的婚纱效果。

STEP 08 打开"婚纱背景.jpg"素材文件，切换到"婚纱.jpg"文件，将抠取好的图片拖到"婚纱背景.jpg"素材文件中，并调整大小与位置。

视频教学：
抠取婚纱

9.3.2 制作茶叶新品上市易拉宝

近期某店铺准备上新一款茶叶，该茶叶采用了独特的制作工艺，保留了茶叶原始、纯粹的口感。现需要为该款茶叶制作易拉宝，宣传该款茶叶的特色，并通过简洁明了的文字描述，让消费者迅速了解该茶叶的核心卖点。表9-2所示为茶叶新品上市易拉宝制作任务单，任务单给出了明确的实训背景、制作要求、设计思路和参考效果等。

表9-2 茶叶新品上市易拉宝制作任务单

实训背景	为新品茶叶制作上市易拉宝，要求体现茶叶的外观、口感，并体现上新信息，其效果要简洁、美观
尺寸要求	80厘米×200厘米
数量要求	1张
制作要求	1. 风格与色彩 风格需简洁、大方，符合现代审美趋势，同时又不失文化底蕴。色彩搭配需清新自然，以绿色为主色调，突出茶叶的自然属性，搭配柔和的辅助色，营造舒适、宁静的视觉感受 2. 内容呈现 主体部分需清晰展示新品茶叶的特色及主要功效，文字描述要简洁明了、易于理解。结合高质量的茶叶图片，展示茶叶的外观、色泽和形态，让消费者直观地感受茶叶的品质
设计思路	在设计时先添加素材，使用"图层蒙版"隐去素材中多余的部分，再输入标题文字，对下方的文字使用"剪贴蒙版"置入图像，最后输入其他文字

续表

参考效果	 参考效果  展示效果
素材位置	配套资源 :\ 素材文件 \ 第 9 章 \ 综合实训 \ “茶叶新品上市易拉宝素材”文件夹
效果位置	配套资源 :\ 效果文件 \ 第 9 章 \ 综合实训 \ 茶叶新品上市易拉宝 .psd

本实训的操作提示如下。

视频教学：
制作茶叶新品上市易拉宝

STEP 01 新建一个“80 厘米 ×200 厘米”的图像文件，打开“茶叶背景 .psd”素材文件，使用“移动工具”将其拖到图像下方，按【Ctrl+T】组合键调整图像大小。

STEP 02 打开“茶叶素材 .psd”素材文件，使用“移动工具”将其拖到图像下方，按【Ctrl+T】组合键调整图像大小，单击“添加图层蒙版”按钮，设置前景色为“#000000”，使用“画笔工具”涂抹素材的外侧，隐藏外部图像。

STEP 03 选择“横排文字工具”，在图像右侧输入“茶”“香”文字，在工具属性栏中设置字体为“方正毡笔黑简体”、文字颜色为“#ffffff”，然后调整文字的大小和位置。

STEP 04 打开“茶饼 .png”素材，使用“移动工具”将所有图层拖到“香”文字所在图层上方，调整各图层的大小和位置。按【Alt+Ctrl+G】组合键创建一个剪贴蒙版图层。打开“茶水 .png”素材文件，使用“移动工具”将该图像拖到“香”文字上方，并调整大小和位置。

STEP 05 使用“椭圆工具”在茶饼下方绘制 3 个“230 像素 ×230 像素”的正圆，并设置填充颜色为“#e74b13”。

STEP 06 选择“横排文字工具”，再输入其他文字，设置“新品上市”文字的字体为“方正苏轼行书 简繁”，其他文字的字体为“思源黑体 CN”，然后调整文字的大小、位置和颜色。

9.4 课后练习

练习 1 制作公益灯箱海报

【制作要求】制作一张以海洋环境保护为主题的公益灯箱海报，用于在街道、公交站和地铁站台进行宣传，要求海报尺寸为"30厘米×50厘米"，整体风格简洁、直观。

【操作提示】打开素材文件，为石油、垃圾素材添加图层蒙版，隐藏右侧部分，新建图层，在右侧绘制形状并设置不透明度，最后输入文字内容。参考效果如图9-47所示。

【素材位置】配套资源:\素材文件\第9章\课后练习\公益素材.psd

【效果位置】配套资源:\效果文件\第9章\课后练习\公益灯箱海报.psd

练习 2 制作运动宣传广告 DM 单

【制作要求】滑板健身工作室准备制作运动宣传广告DM单，以让更多人了解并加入其中，要求DM单画面时尚炫酷。

【操作提示】制作时可通过移动通道实现颜色错位的效果，通过图层蒙版实现边框效果，再绘制一些装饰线条，使整体效果更炫酷。参考效果如图9-48所示。

【素材位置】配套资源:\素材文件\第9章\课后练习\运动.jpg、运动宣传广告文字.psd

【效果位置】配套资源:\效果文件\第9章\课后练习\运动宣传广告DM单.psd

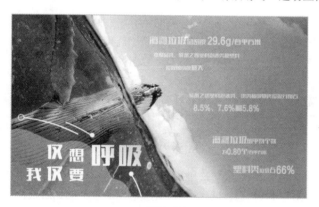

图9-47

图9-48

第**10**章 制作特效图像

特效不仅能够提升平面设计作品的视觉冲击力、表现力和创意性，更有助于设计人员准确地传达信息、表达情感。而通过 Photoshop 提供的滤镜可以为图像添加丰富的特殊效果，操作方法也较为简单。

📖 **学习要点**

◎ 掌握"镜头校正""自适应广角""消失点"等独立滤镜的使用方法。

◎ 掌握"风格化""模糊""扭曲""锐化"等滤镜组的使用方法。

✛ **素养目标**

◎ 培养对特效的运用能力，提升设计作品的整体美感。

◎ 能够激发创意和灵感，创作出具有独特风格的特效图像。

▧ **扫码阅读**

案例欣赏

课前预习

独立滤镜

独立滤镜原指一种可以独立于相机或其他设备之外使用的光学元件。在 Photoshop 中，独立滤镜是指能够实现特定类型的处理或校正的滤镜。常见的独立滤镜有滤镜库、镜头校正、自适应广角、液化及消失点等，使用这些滤镜可使复杂的特效制作变得更为简单高效。

10.1.1 课堂案例——制作旅行网 App 登录页

【制作要求】某旅行网 App 需要制作登录页，方便用户登录旅行网。该 App 为了更好地宣传旅行业务，要求直接采用旅行风景作为登录页背景，登录页尺寸为 "750 像素 ×1624 像素"，效果美观、界面简洁，方便用户输入登录信息。

【操作要点】使用 "镜头校正" "自适应广角" "消失点" 等滤镜调整背景，并使用滤镜库增强图像效果，最后输入文字。参考效果如图 10-1 所示。

【素材位置】配套资源 :\ 素材文件 \ 第 10 章 \ 课堂案例 \ "旅行网 App 登录页素材" 文件夹

【效果位置】配套资源 :\ 效果文件 \ 第 10 章 \ 课堂案例 \ 旅行网 App 登录页 .psd

完成后的效果

展示效果

图 10-1

本案例具体操作如下。

STEP 01 新建大小为 "750 像素 ×1624 像素"、分辨率为 "72 像素 / 英寸"、颜色模式为 "RGB 颜色"、名称为 "旅行网 App 登录页" 的文件。

STEP 02 打开 "风景 .jpg" 图像，将其拖曳到 "旅行网 App 登录页" 文件中，并调整大小和位置，如图 10-2 所示。按【Ctrl+J】组合键复制图层。

STEP 03 查看素材发现风景图片的颜色对比不够明显，需要调整颜色。按【Ctrl+L】组合键打开 "色阶" 对话框，设置输入色阶为 "11" "1.17" "220"，单击 确定 按钮，如图 10-3 所示。

视频教学：
制作旅行网 App
登录页

STEP 04 按【Ctrl+M】组合键，打开"曲线"对话框，在"通道"下拉列表中选择"蓝"选项，在曲线中间单击添加一个控制点并向上拖曳该控制点，如图10-4所示。

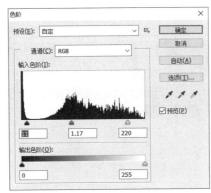

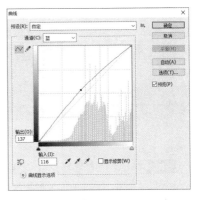

图10-2　　　　　　　　　图10-3　　　　　　　　　图10-4

STEP 05 在"通道"下拉列表中选择"RGB"选项，在曲线中上部单击添加一个控制点并向上拖曳该控制点，然后在曲线中下部单击添加一个控制点并向下拖曳该控制点，调整明暗对比度，单击 确定 按钮，如图10-5所示。效果如图10-6所示。

STEP 06 为了突出行驶的船，需要放大船的画面。选择【滤镜】/【镜头校正】命令，打开"镜头校正"对话框，在左侧选择"移去扭曲工具" 鼠，然后在船部分单击鼠标左键并拖曳，单击 确定 按钮，如图10-7所示。

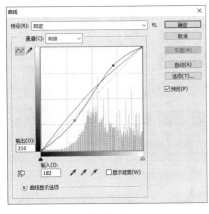

图10-5　　　　　　　　　图10-6　　　　　　　　　图10-7

STEP 07 调整风景图片颜色后，其顶部存在图像消失的情况，需要再调整该区域。选择【滤镜】/【消失点】命令，打开"消失点"对话框，在左侧选择"创建平面工具" 匾，在图像顶部消失区域绘制形状，选择"吸管工具" ✐，在绘制区域下方的深色部分单击吸取颜色，选择"画笔工具" ✐，在顶部工具属性栏中设置直径为"100"、硬度为"50"、不透明度为"50"，在框选区域拖曳鼠标补充颜色，完成后单击 确定 按钮，如图10-8所示。效果如图10-9所示。

179

图 10-8

图 10-9

STEP 08 选择【滤镜】/【滤镜库】命令,打开"滤镜库"对话框,展开"画笔描边"滤镜组,选择"喷溅"滤镜,设置喷色半径和平滑度分别为"8""3",如图 10-10 所示。

STEP 09 单击 按钮,添加新的滤镜,展开"艺术效果"滤镜组,选择"粗糙蜡笔"滤镜,设置描边长度、描边细节、纹理、缩放、凸现分别为"3""2""粗麻布""100""36",单击 确定 按钮,如图 10-11 所示。

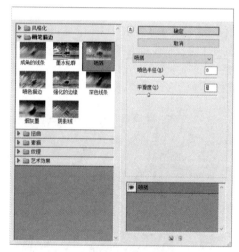

图 10-10

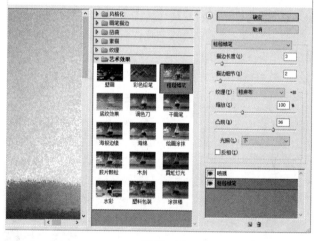

图 10-11

STEP 10 选择"横排文字工具" T ,输入"旅行就是说走就走的生活"文字,设置字体为"方正兰亭大黑简体"、文本颜色为"#017cbf",调整文字大小和位置。复制文字使文字形成叠加效果,然后将复制文字的文本颜色修改为"白色",效果如图 10-12 所示。

STEP 11 选择"圆角矩形工具" ,在工具属性栏中设置填充颜色为"#ffffff"、圆角半径为"10像素",然后在文字下方绘制 680 像素 ×620 像素的圆角矩形,如图 10-13 所示。

STEP 12 栅格化矩形,以便后期添加滤镜,然后选择【滤镜】/【杂色】/【添加杂色】命令,打开"添加杂色"对话框,设置数量为"25%",单击 确定 按钮,如图 10-14 所示。

图 10-12

图 10-13

图 10-14

STEP 13 双击矩形所在图层右侧的空白区域，打开"图层样式"对话框，选择"混合选项"选项，在右侧设置填充不透明度为"30%"，如图 10-15 所示。

STEP 14 勾选"投影"复选框，设置颜色为"#0077ac"、不透明度为"55%"、距离为"4 像素"、扩展为"3%"、大小为"30 像素"，单击 确定 按钮，如图 10-16 所示。

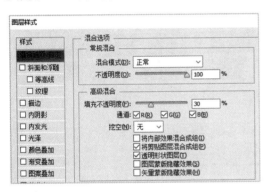

图 10-15

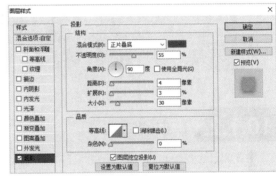

图 10-16

STEP 15 新建图层，选择"画笔工具" ，在工具属性栏中设置画笔样式为"大涂抹炭笔"、大小为"70 像素"，在矩形上部绘制一条横线，如图 10-17 所示。

STEP 16 选择【滤镜】/【液化】命令，打开"液化"对话框，在左侧选择"向前变形工具" ，在右侧的"工具选项"栏中设置画笔大小为"120"、画笔密度为"100"、画笔压力为"9"，然后在横线右端涂抹，调整液化形状，单击 确定 按钮，如图 10-18 所示。

STEP 17 按住【Alt】键向下拖曳形状以复制形状，对复制的形状进行水平翻转，打开"矢量图 .png"素材图像，并将其拖到"旅行网 App 登录页"文件中形状的左侧，调整其大小和位置，如图 10-19 所示。

STEP 18 选择"圆角矩形工具" ，在工具属性栏中设置填充颜色为"#0075e1"，圆角半径为"30 像素"，然后在文字下方绘制 310 像素 ×70 像素的圆角矩形，如图 10-20 所示。

STEP 19 选择"横排文字工具" ，输入文字，设置字体为"思源黑体 CN"、文字颜色为"#0075e1"，然后修改"立即登录""立即注册"文字的颜色为"#ffffff"，调整文字的大小和位置，如图 10-21 所示。最后保存文件。

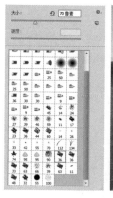  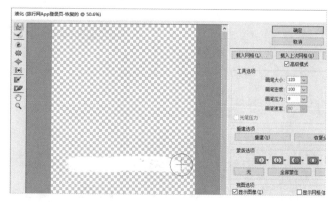

图 10-17　　　　　　　　　　　　　　　　　　　　图 10-18

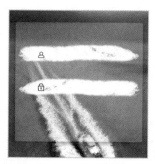

图 10-19　　　　　　　　　图 10-20　　　　　　　　　图 10-21

10.1.2　认识滤镜库

　　滤镜库包含多种滤镜，如"风格化""画笔描边""扭曲""素描"等。使用滤镜库，设计人员可以在同一个对话框中添加并调整一个或多个滤镜，实现多种滤镜效果。使用滤镜库的具体方法为：打开一张图像，选择【滤镜】/【滤镜库】命令，打开"滤镜库"对话框，如图10-22所示。滤镜库中共有6组滤镜，分别是"风格化"滤镜组、"画笔描边"滤镜组、"扭曲"滤镜组、"素描"滤镜组、"纹理"滤镜组、"艺术效果"滤镜组。各个滤镜组的使用方法基本相同，在右侧设置参数，单击 确定 按钮，便可完成滤镜的添加。

资源链接：
滤镜库中各滤镜组的效果详解

　　除此之外，每个滤镜被认为是一个滤镜效果图层，与普通图层一样，也可进行调整顺序、删除或隐藏等操作，从而将滤镜效果叠加起来，得到更加丰富的特殊图像。

- 添加滤镜效果图层。单击"新建效果图层"按钮 ，将新建一个滤镜效果图层。该滤镜图层将延续上一个滤镜图层的命令及参数，可在此滤镜效果图层中添加其他或修改滤镜效果。
- 改变滤镜效果图层叠加顺序。改变滤镜效果图层叠加顺序，可以改变图像应用滤镜后的最终效果，只须拖曳要改变顺序的效果图层到其他效果图层的上方或下方，待该位置出现一条黑线时释放鼠标即可。
- 隐藏滤镜效果图层。如果不想观察某一个或某几个滤镜效果图层产生的滤镜效果，则可以单击不需要观察的滤镜效果图层前面的眼睛图标 ，将其隐藏。
- 删除滤镜效果图层。对于不再需要的滤镜效果图层，可先在滤镜列表框中选择要删除的图层，然后单击底部的"删除效果图层"按钮 删除滤镜。

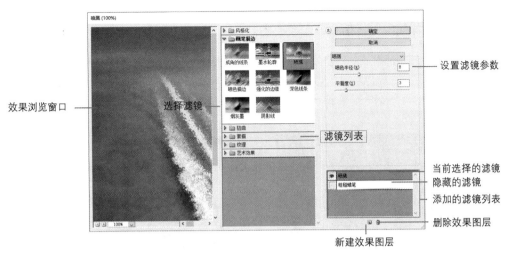

效果浏览窗口

选择滤镜

设置滤镜参数

滤镜列表

当前选择的滤镜
隐藏的滤镜

添加的滤镜列表

删除效果图层

新建效果图层

图 10-22

10.1.3 "液化"滤镜

"液化"滤镜可以对图像的任意部分进行各种类似液化效果的变形处理，如收缩、膨胀、旋转等，多用于人物修身。"液化"滤镜是修饰图像和创建艺术效果的有效方法。在液化过程中，可以随意控制各种效果程度。选择【滤镜】/【液化】命令，打开"液化"对话框，如图 10-23 所示。在左侧选择对应的工具，在右侧设置相关参数后，在中间图像区域拖曳鼠标，便可进行液化处理，完成后单击 确定 按钮。

资源链接：
"液化"对话框
各参数详解

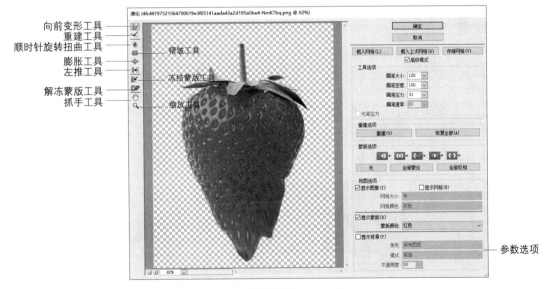

向前变形工具
重建工具
顺时针旋转扭曲工具
膨胀工具
左推工具
解冻蒙版工具
抓手工具

褶皱工具

冻结蒙版工具

缩放工具

参数选项

图 10-23

10.1.4 "油画"滤镜

使用"油画"滤镜可以将普通的图像效果转换为油画效果，通常用于制作油画风格的图像。其操作方法为：选择【滤镜】/【油画】命令，打开"油画"对话框，设置"画笔"和"光照"等参数，完成后单击 确定 按钮，如图10-24所示。

图10-24

10.1.5 "自适应广角"滤镜

若想增强图像的透视关系，则可使用"自适应广角"滤镜。该滤镜可调整图像的范围，包括调整图像的透视、球面化和鱼眼效果等，使图像产生类似使用不同镜头拍摄的效果。选择【滤镜】/【自适应广角】命令，打开"自适应广角"对话框，如图10-25所示。在左侧选择"约束工具" ，再在图像上单击鼠标左键或拖曳鼠标，可设置线性约束；使用"多边形约束工具" 可设置多边形约束。右侧的"校正"下拉列表用于选择校正的类型；"缩放"用于设置图像的缩放情况；"焦距"用于设置图像的焦距情况。设置完成后，单击 确定 按钮。

图10-25

10.1.6 "镜头校正"滤镜

使用相机拍摄照片时可能会因为一些外在因素出现镜头失真、晕影、色差等情况，这时可通过"镜头校正"滤镜进行修复。选择【滤镜】/【镜头校正】命令，打开"镜头校正"对话框，设置校正参数，如图10-26所示。设置完成后，单击 确定 按钮。

资源链接："镜头校正"对话框各参数详解

移去扭曲工具
拉直工具
移动网格工具

图 10-26

> 🔔 **提示**
>
> 当设置垂直透视为"-100"时，图像会变为俯视效果；当设置水平透视为"100"时，图像会变为仰视效果；"角度"用于旋转图像，可校正相机的倾斜；"比例"用于控制镜头校正的比例。

10.1.7 "消失点"滤镜

通过"消失点"滤镜在选择的图像区域进行克隆、喷绘、粘贴图像等操作时，操作会自动应用透视原理，按照透视的角度和比例来适应图像的修改，从而节省制作时间。选择【滤镜】/【消失点】命令或按【Ctrl+Alt+V】组合键，打开"消失点"对话框，如图10-27所示。在其中可使用工具并进行参数设置，如在左侧选择"创建平面工具" ，在图像编辑区绘制需要修改的区域，使用"吸管工具" 🖋吸取颜色，然后选择"画笔工具" 🖋，在顶部工具属性栏中设置画笔参数，在框选区域拖曳鼠标补充颜色，单击 确定 按钮。

资源链接:
"消失点"对话
框各按钮详解

图 10-27

10.2
滤镜组

除了独立滤镜外,还有很多其他滤镜,这些滤镜在"滤镜"菜单中以滤镜组的形式出现,可以快速对图像进行处理。常见的滤镜组包括"风格化"滤镜组、"模糊"滤镜组、"扭曲"滤镜组、"像素化"滤镜组、"渲染"滤镜组、"杂色"滤镜组和"其他"滤镜组等。

10.2.1 课堂案例——将实景变为动漫场景

【制作要求】某画册需要用到火车开过的动漫场景,要求通过滤镜将实景照片变为动漫场景效果。

【操作要点】使用"特殊模糊""滤镜库""最小值""镜头光晕"等滤镜将实景效果制作为动漫场景。参考效果如图 10-28 所示。

【素材位置】配套资源:\ 素材文件 \ 第 10 章 \ 课堂案例 \ 风景 .jpg

【效果位置】配套资源:\ 效果文件 \ 第 10 章 \ 课堂案例 \ 动漫场景 .psd

原图

完成后的效果

图 10-28

本案例具体操作如下。

STEP 01 打开"风景.jpg"图像文件，如图10-29所示。按【Ctrl+J】组合键复制"背景"图层。

STEP 02 选择【滤镜】/【模糊】/【特殊模糊】命令，在"特殊模糊"对话框中设置半径为"5.0"、阈值为"30.0"、品质为"高"、模式为"正常"，单击 确定 按钮，如图10-30所示。效果如图10-31所示。

视频教学：
将实景变为动漫场景

图10-29

图10-30

图10-31

STEP 03 选择【滤镜】/【滤镜库】命令，打开"滤镜库"对话框，在中间列表框中选择"艺术效果"选项，在打开的下拉列表框中选择"干画笔"选项，设置画笔大小为"1"、画笔细节为"5"、纹理为"1"，单击 确定 按钮，如图10-32所示。效果如图10-33所示。

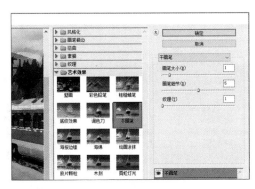

图10-32

图10-33

STEP 04 复制"背景"图层，将复制后的图层置于"图层"面板顶层。选择【滤镜】/【滤镜库】命令，在打开的对话框的中间列表框中选择"艺术效果"选项，在打开的下拉列表中选择"绘画涂抹"选项，设置画笔大小为"6"、锐化程度为"13"，单击 确定 按钮，如图10-34所示。效果如图10-35所示。

STEP 05 设置"背景 副本"图层的混合模式为"线性减淡（添加）"，不透明度为"40%"，效果如图10-36所示。

STEP 06 复制"背景"图层，将复制后的图层置于"图层"面板顶层。按【Shift+Ctrl+U】组合键去色，如图10-37所示。

STEP 07 按【Ctrl+J】组合键复制"背景 副本 2"图层，将复制后的图层置于"图层"面板顶层，并设置图层混合模式为"线性减淡（添加）"，如图10-38所示。

图 10-34　　　　　　　　　　　图 10-35　　　　　　　　　　　图 10-36

图 10-37　　　　　　　　　　　　　　　　　图 10-38

STEP 08 按【Ctrl+I】组合键反相图像，选择【滤镜】/【其他】/【最小值】命令，打开"最小值"对话框，设置半径为"1"，单击 确定 按钮，如图 10-39 所示。效果如图 10-40 所示。

STEP 09 按【Ctrl+E】组合键向下合并图层，并设置图层混合模式为"正片叠底"，使图像细节更加清晰，如图 10-41 所示。

图 10-39　　　　　　　　　图 10-40　　　　　　　　　　　图 10-41

STEP 10 选择"图层 1"，然后选择【图像】/【调整】/【可选颜色】命令，打开"可选颜色"对话框。在"颜色"下拉列表中选择"中性色"选项，设置青色为"+20"、洋红为"10"、黄色为"-50"、黑色为"10"，如图 10-42 所示。在"颜色"下拉列表中选择"白色"选项，设置黑色为"-100"，单击 确定 按钮，如图 10-43 所示。调整色调后的图像效果如图 10-44 所示。

STEP 11 选择所有可见图层，按【Shift+Ctrl+Alt+E】组合键盖印可见图层。选择【滤镜】/【渲染】/【镜头光晕】命令，设置"亮度"为"100%"，单击选中"50-300 毫米变焦"单选项，单击 确定 按钮，如图 10-45 所示。

STEP 12 按【Ctrl+U】组合键打开"色相/饱和度"对话框，设置色相为"-5"、饱和度为"33"，单击 确定 按钮，如图 10-46 所示。最后保存文件，效果如图 10-47 所示。

图 10-42

图 10-43

图 10-44

图 10-45

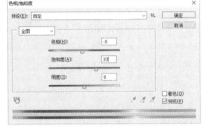
图 10-46

图 10-47

10.2.2 "风格化"滤镜组

"风格化"滤镜组能对图像的像素进行位移、拼贴及反色等操作。选择【滤镜】/【风格化】命令，在弹出的子菜单中提供了 8 种滤镜，效果如图 10-48 所示。

- 查找边缘：用于标识图像中有明显过渡的区域并强调边缘，"查找边缘"滤镜在白色背景上用深色线条勾画图像的边缘，对于为图像边缘创建描边非常有用。
- 等高线：用于查找主要亮区过渡，并用细线勾画每个颜色通道，得到与等高线图中的线相似的结果。

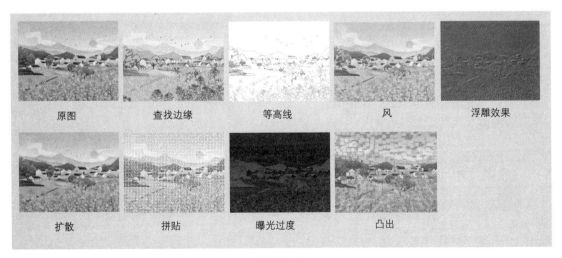
图 10-48

- **风**：用于为图像添加刮风的效果，包括"风""大风""飓风"等效果。
- **浮雕效果**：用于将选区的填充色转换为灰色，并用原填充色描画边缘，从而使选区显得凸起或压低。
- **扩散**：用于根据所选的单选项搅乱选区中的像素，使选区模糊，有类似溶解的扩散效果。当对象是字体时，该效果呈现在边缘上。
- **拼贴**：用于将图像分解为一系列拼贴（像瓷砖方块），并使每个拼贴都含有部分图像。
- **曝光过度**：用于混合正片和负片图像，形成在冲洗照片过程中将照片简单曝光以加亮相似的效果。
- **凸出**：用于将图像转化为三维立方体或锥体，以此来改变图像或生成特殊的三维背景效果。

10.2.3 "模糊"滤镜组

"模糊"滤镜组主要通过降低图像中相邻像素的对比度，使相邻的像素产生平滑过渡的效果。选择【滤镜】/【模糊】命令，在弹出的子菜单中提供了14种滤镜，效果如图10-49所示。

- **场景模糊**：用于使画面不同区域呈现不同程度的模糊效果。
- **光圈模糊**：用于将一个或多个焦点添加到图像中，可供设计人员设置焦点的大小、形状，以及焦点区域外的模糊数量和清晰度等。
- **倾斜偏移**：用于模拟相机拍摄的移轴效果，其效果类似微缩模型。
- **表面模糊**：在模糊图像时可保留图像边缘，用于制作特殊效果及去除图像中的杂点和颗粒。
- **动感模糊**：用于通过对图像中某一方向上的像素进行线性位移来产生运动的模糊效果。
- **方框模糊**：用于以邻近像素的平均颜色值为基准值模糊图像。

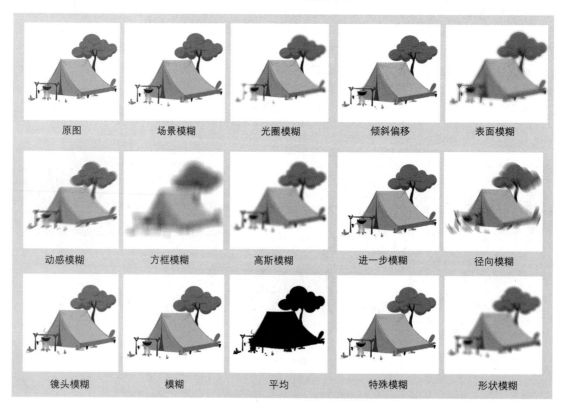

图 10-49

- **高斯模糊**：可根据高斯曲线对图像进行选择性的模糊，产生强烈的模糊效果，是比较常用的模糊滤镜。在"高斯模糊"对话框中，"半径"数值框可以调节图像的模糊程度，数值越大，模糊效果越明显。
- **进一步模糊**：用于使图像产生一定程度的模糊效果。
- **径向模糊**：用于使图像产生旋转或放射状的模糊效果。
- **镜头模糊**：用于使图像模拟摄像时镜头抖动产生的模糊效果。
- **模糊**：通过对图像边缘过于清晰的颜色进行模糊处理来制作模糊效果。该滤镜无参数设置对话框，使用一次该滤镜命令，图像效果不会太明显，可多次使用该滤镜命令，增强模糊效果。
- **平均**：通过对图像中的像素平均颜色进行柔化处理来产生模糊效果。
- **特殊模糊**：通过找出图像的边缘及模糊边缘以内的区域来产生一种边界清晰、中心模糊的效果。
- **形状模糊**：用于使图像按照某一指定的形状作为模糊中心来进行模糊。在"形状模糊"对话框中选择一种形状后，在"半径"数值框中输入的数值决定形状的大小，数值越大，模糊效果越强。

> 🔔 **提示**
>
> 　　滤镜库中有些滤镜与滤镜组的名称一样，但各自的效果并不完全一样。另外，在滤镜库中设置的滤镜效果可以更改，而在滤镜组中设置的滤镜效果无法更改。

10.2.4 "扭曲"滤镜组

　　"扭曲"滤镜组主要用于扭曲变形图像。选择【滤镜】/【扭曲】命令，在弹出的子菜单中提供了9种滤镜，效果如图10-50所示。

- **波浪**：用于使图像产生波浪扭曲的效果。
- **波纹**：用于使图像产生类似水波纹的效果。
- **极坐标**：用于将图像的坐标从平面坐标转换为极坐标或从极坐标转换为平面坐标。
- **挤压**：用于使图像的中心产生凸起或凹下的效果。
- **切变**：用于控制指定的点来弯曲图像。
- **球面化**：用于使选区中心的图像产生凸出或凹陷的球体效果，类似"挤压"滤镜的效果。

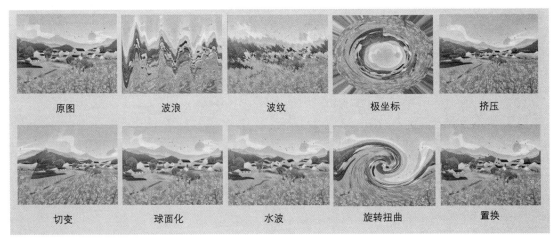

图 10-50

- 水波：用于使图像产生同心圆状的波纹效果。
- 旋转扭曲：用于使图像产生旋转扭曲的效果。
- 置换：用于使图像产生弯曲、碎裂的效果。该滤镜参数设置完毕，还需要选择一个图像文件作为位移图，滤镜根据位移图中的颜色值移动图像像素。

10.2.5 "锐化"滤镜组

"锐化"滤镜组可以使图像更清晰，一般用于调整模糊的图像，但使用过度会造成图像失真。选择【滤镜】/【锐化】命令，在弹出的子菜单中提供了5种滤镜。

- USM锐化：用于在图像边缘的两侧分别添加一条明线或暗线来调整边缘细节的对比度，将图像边缘轮廓锐化。
- 进一步锐化：用于提高像素之间的对比度，使图像变得清晰，但锐化效果比较微弱。
- 锐化："锐化"滤镜和"进一步锐化"滤镜相似，都是通过提高像素之间的对比度来提高图像的清晰度，其效果比"进一步锐化"滤镜的效果明显。
- 锐化边缘：用于锐化图像的边缘，并保留图像整体的平滑度。
- 智能锐化：用于设置锐化算法，控制阴影和高光区域的锐化量。

10.2.6 "像素化"滤镜组

"像素化"滤镜组可将图像中颜色相似的像素转化成单元格，使图像分块或平面化，主要用于增加图像质感，使图像的纹理更明显。选择【滤镜】/【像素化】命令，在弹出的子菜单中提供了7种滤镜，效果如图10-51所示。

- 彩块化：用于使图像中纯色或相似颜色凝结为彩色块，从而产生类似宝石刻画般的效果。
- 彩色半调：用于模拟在图像的每个通道上应用半调网屏的效果。
- 点状化：用于在图像中随机产生彩色斑点，点与点之间的空隙用背景色填充。"点状化"对话框中的"单元格大小"数值框用于设置点状网格的大小。
- 晶格化：用于使图像中颜色相近的像素集中到一个像素的多角形网格中，从而使图像清晰。"晶格化"对话框中的"单元格大小"数值框用于设置多边形网格的大小。

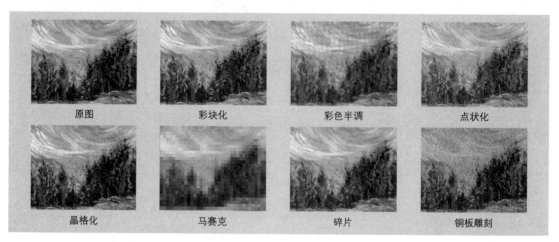

| 原图 | 彩块化 | 彩色半调 | 点状化 |
| 晶格化 | 马赛克 | 碎片 | 铜板雕刻 |

图10-51

- 马赛克：用于把图像中具有相似颜色的像素统一合成为更大的方块，从而产生类似马赛克的效果。"马赛克"对话框中的"单元格大小"数值框用于设置马赛克的大小。
- 碎片：用于将图像的像素复制 4 次，然后将它们平均移位并降低不透明度，从而形成一种不聚焦的"四重视"效果。
- 铜板雕刻：用于在图像中随机分布各种不规则的线条和虫孔斑点，从而产生镂刻的版画效果。"铜板雕刻"对话框中的"类型"下拉列表用于设置铜板雕刻的样式。

10.2.7 "渲染"滤镜组

"渲染"滤镜组主要用于模拟光线照明效果。在制作和处理一些风格照片，或模拟在不同的光源下不同的光线照明效果时，可以使用"渲染"滤镜组。选择【滤镜】/【渲染】命令，在弹出的子菜单中提供了 5 种滤镜，效果如图 10-52 所示。

- 分层云彩：产生的效果与原图像的颜色有关，会在图像中添加一个分层云彩效果。该滤镜无参数设置对话框。
- 光照效果：用于设置光源、光色、物体的反射特性等，然后根据这些设置产生光照，模拟 3D 绘画效果。
- 镜头光晕：可通过为图像添加不同类型的镜头来模拟镜头产生的眩光效果。
- 纤维：可根据当前设置的前景色和背景色产生一种纤维效果。
- 云彩：可通过在前景色和背景色之间随机地抽取像素并完全覆盖图像，从而产生类似云彩的效果。

| 原图 | 分层云彩 | 光照效果 | 镜头光晕 | 纤维 | 云彩 |

图 10-52

10.2.8 "杂色"滤镜组

"杂色"滤镜组主要用于处理图像中的杂点。选择【滤镜】/【杂色】命令，在弹出的子菜单中提供了 5 种滤镜，效果如图 10-53 所示。

- 减少杂色：用于消除图像中的杂色。
- 蒙尘与划痕：可通过将图像中有缺陷的像素融入周围的像素中，从而达到除尘和涂抹的效果。打开"蒙尘与划痕"对话框，可通过"半径"选项调整清除缺陷的范围；通过"阈值"选项确定要进行像素处理的阈值，该值越大，去杂效果越弱。
- 去斑：用于对图像或选区内的图像进行轻微的模糊化和柔化，从而掩饰图像中的细小斑点、消除轻微折痕，常用于去除照片中的斑点。
- 添加杂色：用于向图像中随机添加混合杂点，添加杂色纹理，与"减少杂色"滤镜的作用相反。
- 中间值：可采用杂点和其周围像素的平均颜色来平滑图像中的区域。"中间值"对话框中的"半径"数值框用于设置中间值效果的平滑距离。

图 10-53

10.2.9 "其他"滤镜组

"其他"滤镜组主要用于处理图像的某些细节部分。选择【滤镜】/【其他】命令，在弹出的子菜单中提供了5种滤镜，效果如图 10-54 所示。

- **高反差保留**：用于删除图像中色调变化平缓的部分，而保留色彩变化最大的部分，使图像的阴影消失而亮点突出。
- **位移**：可根据在"位移"对话框中设置的参数来偏移图像，偏移后留下的空白可用当前背景色填充。
- **自定**：用于创建自定义的滤镜效果，如创建锐化、模糊和浮雕等滤镜效果。
- **最大值**：用于将图像中的亮区扩大、暗区缩小，产生较明亮的图像效果。
- **最小值**：用于将图像中的亮区缩小、暗区扩大，产生较阴暗的图像效果。

原图　　　　　　高反差保留　　　　　位移　　　　　　　自定　　　　　　最大值　　　　　最小值

图 10-54

10.3 综合实训

10.3.1 将实景照片变为水墨画

　　某知名杂志需要用到水墨荷花的插画，然而传统的水墨荷花绘制过程烦琐且耗时，对于杂志的出版周期和插图制作成本都是不小的挑战。为了解决这个问题，杂志社决定尝试利用 Photoshop 将实景照片变为水墨画。这种方法不仅保留了荷花本身的真实性和生动性，还融入了水墨画的笔墨韵味和意境表达，使得插图更加符合杂志的主题和审美要求。表 10-1 所示为将实景照片变为水墨画任务单，任务单给出了明确的实训背景、制作要求、设计思路和参考效果等。

视频教学：
将实景照片变为
水墨画

表10-1 将实景照片变为水墨画任务单

实训背景	将实景荷花照片变为水墨荷花效果，要求照片中融入水墨画的笔墨韵味和意境表达，使插图更符合杂志需求
数量要求	1张
制作要求	1. 图像素材选择 选取高质量、高分辨率的荷花实景照片作为转换的原始素材，确保照片能够清晰展现荷花的形态和细节 2. 图像要求 体现荷花的自然美感和生命力 3. 风格要求 保留荷花的真实性和生动性，同时融入水墨画的笔墨韵味和意境表达
设计思路	结合多种滤镜，如滤镜库、高斯模糊，将一张实景照片制作成水墨画图像效果，突出荷花的清新淡雅之美
参考效果	
素材位置	配套资源:\素材文件\第10章\综合实训\荷花.jpg、文字.psd、蜻蜓.psd
效果位置	配套资源:\效果文件\第10章\综合实训\制作水墨画图像效果.psd

本实训的操作提示如下。

STEP 01 打开"荷花.jpg"素材文件，按【Ctrl+J】组合键复制一次背景图层，得到"图层1"。

STEP 02 选择【图像】/【调整】/【去色】命令，得到黑白图像效果。

STEP 03 选择"背景"图层，按【Ctrl+J】组合键再次复制背景图层，并将复制得到的图层移到"图层"面板顶部。在"图层"面板中设置该图层的混合模式为"滤色"。

STEP 04 选择【滤镜】/【滤镜库】命令，打开"滤镜库"对话框，展开"画笔描边"滤镜组，选择"喷溅"滤镜，设置喷溅半径、平滑度分别为"17""2"，单击 确定 按钮。

STEP 05 在"图层"面板中选择背景图层，按【Ctrl+J】组合键再次复制背景图层，并将复制得到的图层移到"图层"面板顶部。

STEP 06 选择【滤镜】/【滤镜库】命令，打开"滤镜库"对话框，展开"画笔描边"滤镜组，选择"强化的边缘"滤镜，设置边缘宽度、边缘亮度、平滑度分别为"7""50""7"，单击 确定 按钮。

STEP 07 在"图层"面板中选中刚刚复制得到的图层，设置图层混合模式为"深色"、不透明度为"40%"。

STEP 08 在"图层"面板中选择"图层1"，按【Ctrl+J】组合键复制该图层，并将复制得到的图层移到最上一层。

STEP 09 选择【滤镜】/【模糊】/【高斯模糊】命令，打开"高斯模糊"对话框，设置半径为"5像素"，单击 确定 按钮。设置复制得到的"图层1"的混合模式为"叠加"，不透明度为"70%"。

STEP 10 打开"文字.psd"和"蜻蜓.psd"素材文件，使用"移动工具" ▶♣ 分别将它们拖到画面中，最后按【Ctrl+S】组合键保存文件。

行业知识

水墨画是经过调配水和墨的浓度所画出的画，是一种绘画艺术形式，常用于表现具有意象和意境的绘画。它除了黑白色调外，还可以绘制出淡彩图像效果。通过 Photoshop 的滤镜，也能得到类似纸张中水墨晕染的效果，制作出独具特色的水墨画效果。

10.3.2 制作天气预报首屏海报

某天气预报 App 准备制作天气预报首屏海报，旨在通过精美的设计和富有创意的内容，吸引用户点击并深入了解该 App。设计时采用相同天气的旅行风景作为背景，将早安文字、天气信息与美丽的景色相结合，使用户在欣赏风景的同时，也能快速了解当日的天气状况，再添加具有激励效果的文字，传递积极向上的生活态度。表10-2 所示为天气预报首屏海报制作任务单，任务单给出了明确的实训背景、制作要求、设计思路和参考效果。

视频教学：
制作天气预报首屏海报

表 10-2 天气预报首屏海报制作任务单

实训背景	为某天气预报 App 设计天气预报首屏海报，要求效果美观、简洁，能很好地展现天气信息
尺寸要求	1080 像素 ×1920 像素
数量要求	1 张
制作要求	1. 背景设计 选取与当日天气相匹配的旅行风景作为海报背景，确保景色优美且与天气状况相符。背景图片应具有高清晰度和丰富的色彩层次感，营造出引人入胜的视觉效果 2. 信息展示 天气信息和早安文字应以简洁明了的方式呈现，字体大小和颜色应与背景形成对比，确保用户一目了然 3. 天气信息展示 根据天气状况和用户心理需求，添加具有安慰或励志作用的文字内容，内容应简洁、富有感染力，能够触动用户内心，引发用户共鸣和认同感

续表

设计思路	使用"风""高斯模糊""碎片""镜头光晕"等滤镜制作天气预报首屏海报背景，然后绘制矩形并输入文字
参考效果	
素材位置	配套资源:\素材文件\第 10 章\综合实训\"天气预报"文件夹
效果位置	配套资源:\效果文件\第 10 章\综合实训\天气预报首屏海报 .psd

本实训的操作提示如下。

STEP 01 新建大小为"1080 像素 ×1920 像素"、分辨率为"72 像素 / 英寸"、颜色模式为"RGB 颜色"、名称为"天气预报首屏海报"的文件。

STEP 02 打开"风景 .jpg"图像，并将其拖曳到"天气预报首屏海报"文件中，调整大小和位置，按【Ctrl+J】组合键复制图层。选择【滤镜】/【风格化】/【风】命令，打开"风"对话框，单击选中"风""从右"单选项，单击 ▭确定▭ 按钮。

STEP 03 选择【滤镜】/【模糊】/【高斯模糊】命令，打开"高斯模糊"对话框，设置半径为"1.5 像素"，单击 ▭确定▭ 按钮。选择【滤镜】/【扭曲】/【水波】命令，打开"水波"对话框，设置数量为"4"、起伏为"3"，单击 ▭确定▭ 按钮。

STEP 04 选择"图层 1 拷贝"图层，按【Ctrl+J】组合键复制图层，选择【滤镜】/【像素化】/【碎片】命令，将自动对图像进行扭曲显示。

STEP 05 选择"矩形工具" ▭，在工具属性栏中设置填充颜色为"#6f6d6d"、描边颜色为"#ffffff"、描边宽度为"15 像素"，然后在图像中绘制"500 像素 ×1000 像素"的矩形，并设置不透明度为"20%"。

STEP 06 栅格化矩形。选择【滤镜】/【渲染】/【分层云彩】命令，将自动为矩形添加该滤镜。

STEP 07 选择"横排文字工具" ▭，输入文字，调整文字字体、颜色、大小和位置，并将"16℃"文字倾斜显示。

STEP 08 栅格化"早"文字。选择【滤镜】/【液化】命令，打开"液化"对话框，在左侧单击"向前变形工具"按钮 ▭，然后涂抹文字下方，调整液化形状，单击 ▭确定▭ 按钮。

STEP 09 盖印图层。选择【滤镜】/【渲染】/【镜头光晕】命令，打开"镜头光晕"对话框，设置亮度为"185"，单击选中"电影镜头"单选项，单击 ▭确定▭ 按钮，最后保存文件。

课后练习

练习 1 制作水墨风格笔记本封面

【制作要求】"山水之间"旅游区准备将拍摄的图像制作成水墨风格的笔记本封面，以便在宣传旅游区的同时展现国画的风采。

【操作提示】通过"色相/饱和度"命令适当降低图像饱和度，通过"查找边缘"滤镜凸出图像轮廓，利用"高斯模糊"滤镜制作渲染效果，将多个效果叠加，再适当调整不透明度，最后制作封面。参考效果如图 10-55 所示。

【素材位置】配套资源:\素材文件\第 10 章\课后练习\水墨风格 .jpg

【效果位置】配套资源:\效果文件\第 10 章\课后练习\水墨风格 .psd、水墨风格笔记本封面 .psd

图 10-55

练习 2 制作网站登录页

【制作要求】某企业准备制作"1920 像素 ×1060 像素"的多肉微观世界网站登录页，以供用户登录账户。

【操作提示】先使用"喷溅"滤镜和"模糊"滤镜等滤镜调整多肉背景，再进行登录页的设计与制作。参考效果如图 10-56 所示。

【素材位置】配套资源:\素材文件\第 10 章\课后练习\"多肉素材"文件夹

【效果位置】配套资源:\效果文件\第 10 章\课后练习\网站登录页 .psd

图 10-56

第 **11** 章

使用AIGC进行平面设计

随着创意与技术的不断融合，设计领域正经历一场前所未有的变革，AI逐渐应用到平面设计，相关设计人员也越来越多地使用如 Midjourney 中文站、美图设计室、创客贴 AI 等 AIGC 工具辅助进行平面设计，提升平面设计效率、拓展创意思维，提升平面设计作品的视觉效果。

📖 **学习要点**

◎ 掌握使用Midjourney中文站生成图像的方法。

◎ 掌握使用美图设计室处理图像的方法。

◎ 掌握使用创客贴AI进行智能抠图的方法。

◇ **素养目标**

◎ 培养使用AIGC工具处理图像的能力，提升工作效率。

◎ 注重团队协作和配合，通过沟通确保设计项目的顺利进行。

⊗ **扫码阅读**

案例欣赏

课前预习

Midjourney中文站——生成图像

在设计某些特殊场景时，直接手绘往往耗时费力。此时，Midjourney 中文站的图像生成功能能够迅速根据设计人员的具体需求，自动生成贴合场景的图像，从而大幅提升设计效率。

11.1.1 课堂案例——生成公益广告背景

【制作要求】某公益组织近期准备制作保护鲨鱼、反对捕杀和食用鲨鱼的公益广告，以传达保护野生动物的理念。

【操作要点】在 Midjourney 中文站中输入关键词生成背景效果，然后选择适合的背景并保存，参考效果如图 11-1 所示。

【效果位置】配套资源 :\ 效果文件 \ 第 11 章 \ 课堂案例 \ 公益广告背景 .png
其具体操作如下。

STEP 01 进入 Midjourney 中文站官网首页，单击 开始创作 按钮，在左侧选择"MJ 绘画"选项卡，在右侧的"模型广场"栏中选择"MJ5.2（真实细节）"选项。

STEP 02 在右侧单击 参数设置 按钮，在"生成尺寸——ar"栏中选择"9：16 宣传海报"选项，在"高级参数"栏中设置"质量化"为"100"，"风格化"为"100"，然后在下方的文本框中输入描述文字"一条鲨鱼张着大嘴，有个叉子从它的头上插下来，后面有很多海洋生物跟着，背景色与海洋相关，极简主义插图，混合图案平面海报，简约 8k"，关闭"自动优化咒语"选项，单击 提交 ▶ 按钮，如图 11-2 所示。

图 11-1

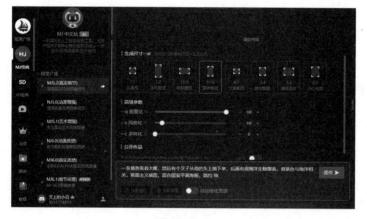

图 11-2

视频教学：
生成公益广告
背景

STEP 03 稍等片刻，上方将显示生成的海报效果，在"编辑"栏中选择"U3"选项，如图 11-3 所示。

STEP 04 在生成的海报的"调整"栏中，选择"微调（弱）"选项，如图 11-4 所示。

STEP 05 在生成的海报的"编辑"栏中，选择"U3"选项，如图 11-5 所示。

STEP 06 此时上方显示调整和编辑后的图片，选中该图片并保存，如图 11-6 所示。

图 11-3　　　　　　图 11-4　　　　　　图 11-5　　　　　　图 11-6

11.1.2　认识 Midjourney 中文站

Midjourney 中文站是一款功能强大的 AI 绘画工具，设计人员输入关键词后，该工具可以快速、稳定地生成各种风格的高质量图片。这些图片可应用于艺术创作、设计、教育、娱乐、广告等多个领域。图 11-7 所示为利用 Midjourney 中文站生成的图像效果。

图 11-7

Midjourney 提供了 MJ 绘画、SD 绘画、Dall 绘画 3 种类型的绘画模式，设计人员可根据自身的需求进行选择。

1. MJ绘画

作为 Midjourney 中文站中广受欢迎的图像生成工具，MJ 绘画侧重于设计人员通过输入关键词或添加图片来定制图像。这一模式不仅功能强大，而且极具灵活性，无论是追求细腻的真实细节、独特的动漫风格，还是浓郁的艺术氛围，都能助力设计人员将创意转化为现实。其具体有以下 6 种模式。

- MJ5.2（**真实细节**）：强调真实细节的表现，注重真实世界中的细节和纹理，使图像看起来更加逼真和生动。
- NJ5.0（**动漫增强**）：专注于动漫风格的模式，在该模式下生成的图像具有更加鲜明的动漫风格，色彩更加鲜艳，线条更加流畅。

- MJ5.1（艺术增强）：专注于艺术风格图像的表现，在该模式下生成的图像具有强烈的艺术氛围和风格，作品更加独特和有创意。
- NJ6.0（动漫质感）：专注于动漫风格的模式，在该模式下生成的动漫风格图像不仅具有鲜明的动漫感，还注重图像的质量和细节表现。
- MJ6.0（真实质感）：强调真实质感的表现，在该模式下生成的图像更注重事物在真实世界中的质感表现，如光影、材质等，作品更加真实和立体。
- MJ6.1（细节纹理）：强调细节纹理的表现，在该模式下生成的图像更注重细节内容。

2. SD绘画

SD绘画以其快速高效的创作特点著称，能够迅速生成各种风格的图像，满足设计人员对速度和多样性的需求。

3. Dall绘画

Dall绘画侧重于根据关键词自动生成与之匹配的图像，其强大的文本到图像转换能力为设计人员提供了更多创作灵感。

11.1.3　Midjourney中文站图像生成方式

Midjourney中文站主要提供文生图、图生图、线稿生图3种图像生成方式。

- 文生图：用户输入描述性的文字（提示词），Midjourney中文站根据这些文字内容生成与之匹配的图像。这种方式允许用户通过文字来表达创意和想象，进而生成相应的视觉效果。
- 图生图：用户提供一张源图像，Midjourney中文站分析该图像的内容、风格和特征，然后生成与之相关或风格相似的新图像，如风格迁移、图像变体生成等。
- 线稿生图：Midjourney中文站利用图像识别技术精确捕捉线稿的轮廓和线条，随后通过着色和补全算法自动为线稿填充色彩并增添细节，使其变得更加生动和完整。这种方式适用于插画、漫画等需要快速将线稿转化为彩色图像的应用场景。

11.1.4　Midjourney中文站的提示词

Midjourney中文站的提示词灵活多变，无限制，简单词汇或句子均可。但为增强图像生成的可控性和准确性，提示词应精确描述所需图像效果。通常会按照以下公式生成提示词：图像主体，具体细节，环境设定，风格选择，构图，色调偏好，光线条件，渲染器指定，清晰度要求。用户在输入时可根据需要对提示词内容进行调整。图11-8所示为利用Midjourney中文站生成的Logo，其提示词为"仓鼠吉祥物，多姿势表情，开心伤心生气，纯线插图，纯色填充，圆胖可爱，简洁线条，明亮色彩，商业广告，卡通插画，品牌形象，动态捕捉，平面设计，柔和光线，温馨氛围，亲和力，活泼生动"。

图11-8

如果只有一个大致的主题，却没有想好画面的具体场景，可以使用文心一言、通义等文本生成类 AIGC 工具拓展思路，或直接让这类 AIGC 工具帮助我们生成所需的场景描述。

1. 图像主体

图像主体是指希望生成的图像中的核心对象或场景，明确指定要生成的图像内容，比如是生成一个人物肖像、一片风景、一件艺术品还是其他特定的图像。

2. 具体细节

具体细节是指用文字来表达所期望的画面内容，往往包含时间、地点、主体及事件这 4 个要素，如傍晚时分，一位老人在公园的长椅上安静地阅读报纸。但这 4 个要素并非每次都需要全部出现，可以根据实际需要灵活组合。

3. 环境设定

环境设定是指图像或视频中所要展现的场景或背景环境。环境设定不仅会影响图像或视频的整体氛围和视觉效果，还与图像或视频的主题、情感表达及故事性紧密相关。

具体来说，环境设定可以包括以下几个方面。

● 地理位置：图像或视频场景所在的地点，如城市、乡村、森林、海滩等。

● 时间背景：是白天还是夜晚，是晴天、雨天还是雪天，是春天、夏天、秋天还是冬天等。

● 场景氛围：是热闹繁华的市集还是宁静悠远的乡村，是充满科技感的未来城市还是古色古香的古建筑群等。

● 环境元素：包括建筑物、自然景观、道路、交通工具、行人、动物等，即共同构成一个完整环境场景的元素。

● 环境细节：如街道的整洁度、建筑物的风格、自然景观的特点等，这些细节能够增强环境设定的真实感。

在生成图像或视频的提示词时，明确的环境设定可以使 AIGC 工具更好地理解你的需求，从而生成更符合你期望的图像或视频作品。例如，如果你想要生成一幅描绘夏日海滩的图像，你的提示词中可以包含"夏日海滩"作为环境设定，同时还可以加入具体的细节描述，如"蓝天白云""金色的沙滩""波光粼粼的海面"等。

4. 风格选择

在构思和编写 Midjourney 中文站的提示词时，确定风格对于塑造图像的整体展示效果至关重要。常见的风格提示词有现实主义、抽象主义、印象派、立体主义、中国画、未来主义或二次元等，可以根据具体需要灵活选择。

5. 构图

构图决定了 AIGC 工具在创作过程中如何安排画面元素、构建视觉结构，常见的构图提示词有中心对称、轴对称、黄金分割、三分法、一点透视、二点透视、曲线与直线、几何形状等。

6. 色调倾向

明确图像的色调倾向有助于图像的情感表达，如"温暖的橙色调"可以营造温馨氛围，"冷峻的蓝色调"可以表达冷静与神秘。

7. 光线条件

光线条件涵盖光线的类型、强度、方向、色彩及所产生的视觉效果等多个方面。通过精确运用这些提示词，能够实现对光线效果的精细控制，从而创造出符合自己创作意图的效果。常见的光线条件提示词有柔光、硬光、自然光、聚光灯、高光、轮廓光、暖光线、冷光线等。

8. 渲染器指定

渲染器的选择将直接影响图像的最终呈现效果，可根据创作需求选择适合的渲染器，如"油画渲染"模拟油画的厚重质感，"水彩渲染"打造清新透亮的水彩风格。

9. 清晰度要求

清晰度的设定对于图像的细节展现和整体观感有着重要影响，如"高清晰度展现细节""适度的模糊效果营造梦幻氛围"。

美图设计室——处理图像

在进行平面设计时，若图像的色彩存在偏差，图像效果不够美观，可使用美图设计室这类提供有图像智能编辑与处理的 AIGC 工具来处理图像。

11.2.1 课堂案例——美化旅游宣传海报

【制作要求】某旅行社计划针对新疆的热门景点开展宣传活动，需要对所拍摄的旅行图片进行后期处理，包括调整色调、比例并添加文字。

【操作要点】在美图设计室中调整色调，并添加文字和比例，参考效果如图 11-9 所示。

【素材位置】配套资源 :\ 素材文件 \ 第 11 章 \ 课堂案例 \ 旅行图片 .jpg

【效果位置】配套资源 :\ 效果文件 \ 第 11 章 \ 课堂案例 \ 旅行图片 .jpg

其具体操作如下。

视频教学：美化旅行宣传海报

STEP 01 进入美图设计室官网首页，在"图像处理"栏中选择"图片编辑"超链接。

STEP 02 进入美图设计室操作界面，单击 打开副片 按钮，打开"打开"对话框，选择"旅行图片 .jpg"素材文件，单击 打开(O) 按钮。

STEP 03 在界面左侧的"消除笔"栏中设置画笔大小为"25"，在右侧图像区域的两匹马前面拖曳鼠标，选择需消除的区域，在左侧单击 开始消除 按钮，如图 11- 10 所示。

图 11-9

图 11-10

STEP 04 在左侧的"变清晰"栏中选择"高清"选项，如图 11-11 所示。

STEP 05 在左侧的"基础调色"栏中设置调色参数，如图 11-12 所示。若参数不符合需求，可单击 ⟨ 重置 ⟩ 按钮，重新调整。

STEP 06 在左侧的"高级调色"栏中设置调色参数，如图 11-13 所示，完成调整后的效果如图 11-14 所示。

图 11-11

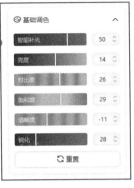
图 11-12

图 11-13

图 11-14

STEP 07 在右侧单击单击"更多"按钮 ⊜，在左侧列表中的"扩展比例"栏中选择"9∶16"选项，单击 ⟨ 立即生成 ⟩ 按钮，稍等片刻，可发现图片按照扩展比例进行了扩展，完成后单击 ⟨ 应用 ⟩ 按钮，应用比例，如图 11-15 所示。

STEP 08 在左侧单击"文字"选项卡，在打开界面的搜索栏中输入"旅行"文本，在搜索结果中选择提供的旅游文字，此时图像中将自动添加所选择的文字。

STEP 09 选择"5天4夜　历史新旧交替的繁华"文字，将文字修改为"5天4夜　领略大自然清新"，在右侧设置字体颜色为"#ffffff"，如图 11-16 所示。

图 11-15

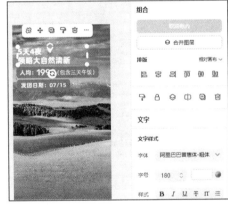
图 11-16

STEP 10 选择文字下方的圆角矩形，单击"滤镜"选项卡，在"艺术"栏中选择"卡顿"选项，单击 ⟨ 应用 ⟩ 按钮，如图 11-17 所示。

STEP 11 使用相同的方法为下方的圆角矩形添加滤镜效果，效果如图 11-18 所示。

STEP 12 在右侧单击 ⟨ 下载 ⟩ 按钮，在打开的列表中单击 ⟨ 下载 ⟩ 按钮，打开"新建下载任务"对话框，设置文件名和保存位置，单击 ⟨ 下载 ⟩ 按钮，保存文件。

图 11-17

图 11-18

11.2.2 认识美图设计室

美图设计室是美图公司于 2022 年推出的一项智能 AI 设计服务工具，主要聚焦于 AI 商品、图像处理、AI 设计三大核心领域，并创新性地推出了人像背景替换、AI 模特、AI 试鞋、AI 试衣等多种功能，能精准满足不同用户的多样化需求。此外，美图设计室还提供有丰富的海报模板和商用版权素材，用户只需简单修改文字和替换图片，便可快速设计出各类效果，充分满足平面设计人员、电商商家等用户的设计需求，图 11-19 所示为使用美图设计室生成的各类作品。

图 11-19

相对于其他 AI 工具，美图设计室具有以下优势。

- 智能化辅助设计：通过 AI 技术，降低设计门槛，提升设计效率。
- 丰富的预设模板和素材库：提供大量预设模板和素材，方便用户快速进行设计创作。
- 便捷的操作方式：界面设计简洁明了，功能分区合理，符合用户的使用习惯。
- 广泛的适用场景：适用于办公、新媒体、平面、电商等多种场景，满足用户多样化的设计需求。

11.2.3 AI 商拍

AI 商拍是美图设计室专为电商人员打造的一体化解决方法，旨在解决电商用户的商业拍摄需求，在该栏中罗列了商品图、人像换背景、AI模特、AI试鞋、AI试衣、服装换色、服装去皱等功能，能够满足大部分电商商品图片的处理需求。

- 商品图：上传产品图，可自动抠图并调整图片大小，并能根据需求选择适合的场景，一键生成商品图。
- 人像换背景：上传人像效果，将自动分离人像与背景，可自动替换人像背景。
- AI模特：根据服装风格自动匹配模特形象，方便查看服装穿戴效果。
- AI试鞋：生成模特试穿鞋子效果。
- AI试衣：通过上传人台图、真人图或服装图，提取衣服后，AI生成模特并试穿衣服，三步即可快速完成服装上身效果。
- AI服装换色：一键换色，支持多图同时处理，高效出图。
- 服装去皱：自动识别并平滑服装褶皱。

11.2.4　图像处理

图像处理是美图设计室提供的针对图片进行调整、优化的功能，可完成图像的编辑操作。

- 智能抠图：全品类智能识别，2秒抠图，能快速完成抠图操作。
- AI消除：一键消除图片瑕疵，不留痕迹。
- 变清晰：提升图片画质。
- 图片翻译：翻译图片中的文字内容。
- 证件照：提供证件照编辑功能。
- 无损改尺寸：改变图片尺寸而不损失其清晰度。
- 拼图：拼接多张图片。
- AI扩图：智能扩展或延伸图片边缘。
- 形象照：提供形象照编辑和优化功能，如美颜、调色等。

11.2.5　AI设计

AI设计是美图设计室利用人工智能技术提供的一系列设计辅助功能，能快速完成 Logo 设计、PPT 转换、海报设计、AI文生图的基本操作。

- AI Logo：输入品牌名和描述，将自动生成多款 Logo，用户可根据需要选择合适的 Logo。
- LivePPT：将静态 PPT 转化为动态演示文稿。
- AI文案：根据关键词自动生成文案内容。
- AI海报：通过 AI 模型进行智能编排，输入文案、上传产品图即可快速生成多种风格的海报。
- AI文生图：根据文字描述自动生成图片或插画。

11.3
创客贴AI——智能抠图

观察各类平面设计，不难发现美观的背景对提升图片整体美感至关重要。若图片背景不能满足需求，抠图更换背景便显得尤为关键。除了可利用 Photoshop 进行细致抠图，创客贴 AI 的智能抠图功能同样能快速达成目的，有效优化图片效果。

11.3.1 课堂案例——制作羽绒服宣传广告

【制作要求】近期某店铺准备在小红书中宣传新款羽绒服广告。需要对该广告进行制作，要求广告内容简洁、美观。

【操作要点】在创客贴 AI 中处理雪地素材，抠取羽绒图像，并使用提供的素材制作广告内容，参考效果如图 11-20 所示。

【素材位置】配套资源 :\ 素材文件 \ 第 11 章 \ 课堂案例 \ 雪地 .jpg、羽绒 .jpg、羽绒服 .png

【效果位置】配套资源 :\ 效果文件 \ 第 11 章 \ 课堂案例 \ 雪地 .png、羽绒 .png、羽绒服宣传广告 .zip

其具体操作如下。

图 11-20

STEP 01 进入创客贴 AI 官网首页，在"图片编辑"栏中选择"智能外拓"选项，打开智能外拓页面，在左侧单击"点击上传"超链接，打开"打开"对话框，选择"雪地 .jpg"素材文件，单击 打开(O) 按钮。

STEP 02 在"画布比例"栏中选择"3∶4 媒体配图"选项，在"拓展内容描述"栏中输入"蓝天，白云，冰雪"文字，单击 立即生成 按钮，如图 11-21 所示，单击 下载 按钮，下载背景效果。

视频教学：
制作羽绒服宣传
广告

STEP 03 返回创客贴 AI 官网首页，在"图片编辑"栏中选择"智能抠图"选项，打开智能抠图页面，单击 上传图片 按钮，打开"打开"对话框，选择"羽绒 .jpg"素材文件，单击 打开(O) 按钮，打开智能抠图页面，稍后右侧将显示抠取后的效果，单击 下载 按钮下载素材，如图 11-22 所示。

图 11-21

图 11-22

STEP 04 返回创客贴 AI 官网首页，在"创建设计"栏中单击"开始设计"超链接，打开"自定义尺寸"面板，选择"小红书配图"选项，如图 11-23 所示。

STEP 05 打开编辑面板，选择处理后的"雪地 .png""羽绒 .png"图片文件，将其拖曳到背景中，调整其大小和位置。为了体现羽绒服的绒感，可在"上传"选项卡中选择"羽绒"素材，再次添加该素材，如图 11-24 所示。

图11-23

图11-24

STEP 06 选择"羽绒服.png"素材文件,将其拖曳到背景中,调整大小和位置,单击其上方的"投影"按钮 ◻ ,在左侧的面板中设置扩展为"41",距离为"30"等,完成羽绒服投影的添加,如图11-25所示。

STEP 07 在左侧选择"文字"选项卡,在右侧的"文艺娱乐"栏中选择第3个选项,完成文字的添加,双击添加后的文字使其呈可编辑状态,输入"暖冬换新装"文字,完成后单击 下载 按钮,设置文件类型和使用类型,单击 下载 按钮,完成保存操作,最终效果如图11-26所示。

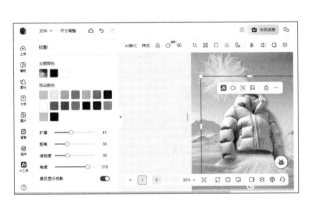

图11-25

图11-26

🖋 行业知识

一个优秀的设计人员在使用AIGC工具时,应确保遵守版权法规以避免侵犯知识产权,同时保护个人隐私和数据安全,防止信息泄露;还应对AIGC工具生成的内容进行仔细审查和修改,以保证其质量和准确性。

11.3.2 认识创客贴AI

创客贴AI是一款功能丰富的在线设计工具,其融合了先进的人工智能技术,拥有海量模板和素材库,涵盖各种风格和主题的图片元素,为用户提供了便捷、高效的设计体验。此外,创客贴AI还支持一键抠图、自动排版等功能,可以大幅提高设计效率。

11.3.3 智能外拓

创客贴 AI 的智能外拓功能可以根据用户输入的需求，对背景进行扩展或替换。外扩时只需在"图片编辑"栏中选择"智能外拓"选项，打开智能外拓页面，上传要外扩的图片，在"画布比例"栏中选择画布比例，在"拓展内容描述"栏中输入外扩内容的描述文字，单击 ▬▬▬▬ 按钮便可生成外扩后的图片。使用智能外拓功能时，建议上传清晰度较高、背景相对简单的图片，以获得较好的处理效果。扩展后的背景可能会与原图存在一定的色彩或风格差异，用户可以根据需要进一步做出调整。

11.3.4 智能抠图

创客贴 AI 中的智能抠图功能能够精准地识别并抠出图片中的主体，无论是复杂的人像轮廓，还是细碎的物品边缘，都能获得像素级别的精细处理。抠图时只需要在"图片编辑"栏中选择"智能抠图"选项，打开智能抠图页面，上传要抠图的素材，抠图后的效果将显示在右侧。

11.3.5 创建设计

在创客贴 AI 中，如果预设的模板不能满足设计需求，可以选择使用其内置的"创建设计"功能来进行更个性化的图像编辑。这一功能提供了一个类似于 Photoshop 的编辑环境，让用户能够自由地进行多种操作。具体来说，"创建设计"功能包括但不限于以下几个方面。

- 模板的选用：用户可从提供的模板库中选择一个接近自己需求的模板作为设计起点，提升效率。
- 图片的添加与处理：用户可以上传并添加自己的图片到设计中，同时利用内置的图片处理工具（如裁剪、滤镜、调整大小等）对图片进行必要的编辑，以达到最佳视觉效果。
- 素材的添加：创客贴 AI 提供了丰富的设计素材库，包括图标、形状、纹理等，用户可以根据设计需要自由拖曳添加，丰富设计内容。
- 文字的添加与编辑：用户可以在设计中添加文本，该文本可以是提供的文字样式，用户也可以直接输入文本，通过调整字体、字号、颜色、对齐方式等，使文字元素与设计整体风格协调一致。
- 背景的设置：无论是纯色背景、渐变背景还是图片背景，用户都可以根据设计需求灵活设置，为设计效果奠定合适的视觉基调。

整个操作过程简洁直观，用户只需通过简单的拖曳、放置和调整动作，就能完成原本需要复杂操作的设计任务，非常适合进行快速而高效的平面设计工作。这种设计方式降低了设计门槛，使得非专业设计师也能轻松创作出美观的平面效果。

11.4 综合实训

11.4.1 生成面包品牌标志

一家新开的面包店需要制作一款品牌标志，希望通过标志体现店铺的主旨"唤醒你的味蕾，品味我们的热情"，其效果要简洁、美观。表 11-1 所示为生成面包品牌标志的任务单，任务单中给出了明确的实训背景、要求、设计思路和参考效果等。

表 11-1　生成面包品牌标志的任务单

实训背景	为某面包店制作品牌标志，要求体现符合品牌的定位，其效果要平静、美观
尺寸要求	1:1
数量要求	1 张
制作要求	1. 关键词内容 面包品牌标志设计，平面风格，纯色暖色调背景，简约构图，中心对称，高饱和度，柔和照明，无动作元素，简洁 2. MJ 绘画要求 确保生成的标志是采用平面展示的方式展现，可选用"MJ5.2（真实细节）"绘画样式
设计思路	先选择合适的绘画样式，并输入关键词内容，根据关键词内容生成标志效果
参考效果	 完成后的效果参考
效果位置	配套资源 :\ 效果文件 \ 第 11 章 \ 综合实训 \ 标志 .jpg

本实训的操作提示如下。

STEP 01 进入 Midjourney 中文站官网首页，单击 ▨▨▨ 按钮，在左侧选择"MJ 绘画"选项卡，在右侧的"模型广场"栏中选择"MJ5.2（真实细节）"选项。

STEP 02 在右侧单击 ▨▨▨ 按钮，在"生成尺寸——ar"栏中选择"1:1"选项，在"高级参数"栏中设置质量化为"24"，风格化为"100"，然后在下方的文本框中输入描述文字"面包品牌标志设计，平面风格，纯色暖色调背景，简约构图，中心对称，高饱和度，柔和照明，无动作元素，平静"，单击 ▨▨ 按钮。

STEP 03 稍等片刻，在上方将显示生成的标志效果，在"编辑"栏中单击"U1"选项，放大选择的标志。

11.4.2 制作小红书旅游封面图

伊犁以其壮丽的自然风光、丰富的民族文化、独特的历史遗迹和美味的特色美食而闻名，是小红书中旅游分享的重要地点，其封面图对于吸引用户点击、阅读乃至分享起着至关重要的作用。一张好的旅游封面图不仅需要具备视觉冲击力，还需要能够准确传达旅游地的特色和氛围，激发用户的旅游欲望。

表 11-2 所示为制作小红书旅游封面图的任务单，任务单中给出了明确的实训背景、要求、设计思路和参考效果等。

表 11-2 制作小红书旅游封面图的任务单

实训背景	制作以伊犁为主题的小红书旅游封面图，整个封面图以伊犁的风景为背景，效果清新、自然，具有美观度
数量要求	1 张
制作要求	1. 构思主题方案 构思出具有创意和吸引力的封面图设计方案，包括主题、色彩搭配、构图布局等 2. 内容构思 以伊犁风景图片为背景，搭配文字"被伊犁的春天治愈了"
设计思路	使用在美图设计室中选择的模板，替换其中的背景，然后修改文字内容
参考效果	 素材图片　　　　　　　　完成后的参考效果
素材位置	配套资源 :\ 素材文件 \ 第 11 章 \ 综合实训 \ 伊犁素材 .png
效果位置	配套资源 :\ 效果文件 \ 第 11 章 \ 综合实训 \ 小红书旅游封面图 .jpg

本实训的操作提示如下。

STEP 01 进入美图设计室官方首页，在左侧选择"模板中心"选项卡，在上方选择"抖音 / 小红书"/"小红书封面配图"选项，在下方的列表中选择"实景风通用类绿色网红城市小众路线旅游攻略小红书封面"模板。

STEP 02 进入操作界面，选择背景图片，单击 取消组合 按钮，单击 替换图片 按钮，上传并选择"伊犁素材 .png"。

STEP 03 双击模板中的文字，对内容进行修改，完成后单击 下载 按钮，下载图像文件。

11.5 课后练习

练习 1　生成招聘海报背景图

【制作要求】使用美图设计室制作招聘海报。

【操作提示】提示词为"现代办公室开阔布局，人物忙碌打字，冷色调，专业高效，标准镜头，顶光，正面拍摄，静止，专注"，再在美图设计室中选择海报模板，并将生成的海报背景运用到海报中，参考效果如图11-27所示。

【效果位置】配套资源:\效果文件\第11章\课后练习\生成招聘海报背景.png

练习 2　制作大雪节气海报

【制作要求】制作大雪节气海报，要求以冰雪覆盖的场景为背景，搭配大雪文字。

【操作提示】使用创客贴AI智能抠取冰雪等素材，然后通过模板进行大雪节气海报的制作，参考效果如图11-28所示。

【素材位置】配套资源:\素材文件\第11章\课后练习\冰雪.jpg、雪水.jpg、雪杉.jpg

【效果位置】配套资源:\效果文件\第11章\课后练习\大雪节气海报.zip

图11-27　　　　　　　　　　　　　图11-28

第 12 章 综合案例

本章将综合运用 Photoshop 的各项功能完成 4 个商业案例的制作，包括广告、宣传单、海报和书籍装帧设计，帮助读者进一步巩固前面所学相关知识，并熟练掌握 Photoshop 和 AIGC 工具的使用方法。

▌ 📖学习要点

　◎ 掌握茶叶灯箱广告的设计方法。
　◎ 掌握乐器宣传单的设计方法。
　◎ 掌握中秋节宣传海报的设计方法。
　◎ 掌握书籍装帧的设计方法。

▌ ✧素养目标

　◎ 提升设计各类平面作品的能力。
　◎ 培养自身独特的设计风格，从而更好地展示自己的创造力。

▌ ◈扫码阅读

案例欣赏

课前预习

12.1 茶叶灯箱广告设计

12.1.1 案例构思

古茗茶舍作为一个历史悠久且深受消费者喜爱的茶叶品牌，始终致力于传播我国茶文化，并为消费者提供高品质的茶叶。随着春季的到来，新茶开始陆续上市，古茗茶舍为了抓住这一市场机遇，决定开展一场以"新茶上市"为主题的春茶节活动。为了广泛宣传此次活动，古茗茶舍计划制作一款尺寸为300厘米×150厘米，分辨率为72像素/英寸，具有中国风特色的茶叶灯箱广告，投放在地铁站，吸引更多消费者。在设计时可先使用创客贴AI抠图其中的荷叶、茶杯素材，再使用美图设计室对背景色调进行调整，使色彩统一，最后使用Photoshop进行灯箱广告的制作。

为更好地完成本案例的制作，在制作时可从以下3个方面构思。

1. 主题方案

广告的主题是"春茶节　新茶上市"。根据广告主题并结合古茗茶舍相关品牌信息，从茶叶的生长环境展开联想，以"山水间一捧茶香"展开整个效果的设计。

2. 文案

根据主题方案可以直接采用"春茶节　新茶上市"作为主要文案，简单直接，更加符合地铁灯箱广告的设计需求。在广告右下角展示地址和联系电话，方便消费者了解品牌信息和联系购买产品。

3. 风格

根据主题及文案，本案例需要针对"新茶上市"设计排版和色彩风格，设计思路如下。

（1）排版风格

本案例为了达到瞬间吸引消费者目光的效果，广告画面以文字为视觉中心，搭配水墨山水的场景，以及茶杯，体现出悠然感。

（2）色彩风格

为了营造品茶氛围，凸显茶叶产品，可采用与茶叶颜色相似的蓝绿色为主色调，使整个效果更加统一。

本案例的参考效果如图12-1所示。

图12-1

【素材位置】配套资源:\素材文件\第12章\"地铁灯箱广告素材"文件夹

【效果位置】配套资源:\效果文件\第12章\"古茗茶舍"地铁灯箱广告.psd、地铁灯箱广告场景图.psd

12.1.2 使用创客贴 AI 快速抠取素材图片

具体操作如下。

STEP 01 进入创客贴 AI 官网首页,在"图片编辑"栏中选择"智能抠图"选项,打开智能抠图页面,单击 上传图片 按钮,打开"打开"对话框,选择"荷叶.jpg"素材文件,单击 打开(O) 按钮,打开智能抠图页面,素材效果如图 12-2 所示。

STEP 02 抠取后的效果稍后将显示在右侧,单击 ⤓ 下载 按钮下载素材,效果如图 12-3 所示。

图 12-2

图 12-3

视频教学:
使用创客贴 AI 快
速抠取素材图片

12.1.3 使用美图设计室调整山脉背景色调

具体操作如下。

STEP 01 进入美图设计室首页界面,在"图像处理"栏中单击"图片编辑"超链接,进入编辑页面,单击 打开图片 按钮,在打开的对话框中选择"山脉背景.jpg"素材文件,单击 打开(O) 按钮,如图 12-4 所示。

STEP 02 在打开的编辑页面中的"基础调色"栏中设置饱和度为"-68",清晰度为"53",如图 12-5 所示。在"高级调色"栏中单击"色彩"选项卡设置色温为"-58",色调为"-8",如图 12-6 所示。

视频教学:
使用美图设计
室调整山脉背
景色调

图 12-4

图 12-5

图 12-6

STEP 03 单击"光效"选项卡设置高光为"-39",暗部为"-2",褪色为"-8",如图 12-7 所示,下载图片效果如图 12-8 所示。

图 12-7   图 12-8

12.1.4 使用 Photoshop 制作茶叶灯箱广告

具体操作如下。

视频教学：
使用
Photoshop 制
作茶叶灯箱广告

STEP 01 新建大小为"300 厘米 ×150 厘米"，名称为"'古茗茶舍'地铁灯箱广告"的图像文件。

STEP 02 打开"天空 .jpg"素材文件，将其拖曳到广告顶部，调整大小和位置，效果如图 12-9 所示。

STEP 03 单击"添加图层蒙版"按钮 ▣，添加图层蒙版，然后使用"画笔工具" ✎ 在天空处涂抹，形成渐变效果，如图 12-10 所示。

图 12-9   图 12-10

STEP 04 将调整后的"山脉背景"素材拖曳到地铁灯箱广告 psd 文件中，调整大小和位置，单击"添加图层蒙版"按钮 ▣，添加图层蒙版，然后使用"画笔工具" ✎ 在天空处涂抹，隐藏白色天空，显示前面添加的天空效果，如图 12-11 所示。

STEP 05 使用"移动工具" ⊕ 将抠取后的茶叶素材拖曳到地铁灯箱广告中，调整大小和位置，效果如图 12-12 所示。

图 12-11   图 12-12

STEP 06 打开"茶杯 .png"素材文件，使用"移动工具" ⊕，将茶杯素材拖曳到地铁灯箱广告中，调整大小和位置，选择"横排文字工具" T，单独输入"新""茶""上""市"文字，并设置字体为"汉仪尚巍手书 W"，然后调整大小和位置，效果如图 12-13 所示。

STEP 07 打开"环形.png"素材文件，使用"移动工具" ▶ 将其中的素材拖曳到文字下方，调整大小和位置。然后将山脉素材拖曳到环形素材的上方，创建剪贴蒙版，效果如图12-14所示。

图12-13

图12-14

STEP 08 选择"椭圆工具" ⬭，在工具属性栏中设置填充颜色为"#ffffff"，描边颜色为"#0d5b0d"，描边宽度为"6.25"，在文字的左侧绘制3个300像素×300像素的圆。选择"直排文字工具" IT，输入"春茶节""NEW TEA IS ON THE MARKET"文字，并设置字体为"思源黑体CN"，文字颜色为"#094927"，然后调整文字大小和位置，如图12-15所示。

STEP 09 打开"树叶.psd、印章.png"素材文件，使用"移动工具" ▶ 将树叶、印章素材拖曳到地铁灯箱广告psd文件中，调整大小和位置，效果如图12-16所示。

图12-15

图12-16

STEP 10 选择"横排文字工具" T，输入地址、联系方式等文字，并设置字体为"思源黑体CN"，然调整字体大小和位置，效果如图12-17所示，然后盖印图层并保存文件。

STEP 11 打开"场景图.jpg"素材文件，选择"钢笔工具" ✍，沿着灯箱位置绘制路径，然后转换为选区，如图12-18所示，按【Ctrl+J】组合键将选区内容新建为图层，然后在图层上方单击鼠标右键，在弹出的快捷菜单中选择"转换为智能对象"命令，将图层以智能对象的方式显示。

图12-17

图12-18

STEP 12 双击智能对象图层，进入图像编辑页面。使用"移动工具" ✚ 将盖印后的"古茗茶舍"

地铁灯箱广告移动到编辑页面中，调整图像的大小与位置，然后在其上单击鼠标右键，在弹出的快捷菜单中选择"斜切"命令，调整四个角使其与原始图层重合，效果如图 12-19 所示。

STEP 13 完成后保存文件，返回场景可发现场景已经发生变化，设置图像的图层混合模式为"正片叠底"，效果如图 12-20 所示。按【Ctrl+S】组合键保存文件，并设置文件名称为"地铁灯箱广告场景图"。

图 12-19

图 12-20

乐器宣传单三折页设计

12.2.1 案例构思

古舍乐器是一家乐器制作企业，始终致力于传承和发扬传统乐器制作工艺，同时不断创新，为广大音乐爱好者提供高品质、具有文化内涵的乐器。为了进一步提升企业形象，古舍乐器决定制作一张尺寸为 285 毫米 ×210 毫米，分辨率为 72 像素 / 英寸的乐器宣传单三折页，以展示其产品和企业文化。该宣传页以"古韵"为主题，通过精美的图片和生动的文字，展示古舍乐器的悠久历史、精湛工艺、丰富产品及深厚的文化底蕴。采用三折六面的方式显示，外页分别展示企业与文化、产品、互动与联系信息；内页展示乐器介绍、产品分类、产品介绍。为了更好地完成本案例的制作，可从以下 3 个方面构思。设计时可先使用 Midjourney 中文站生成宣传单素材，再使用 Photoshop 进行外页和内页的制作。

1. 制定设计方案

本宣传单主要用于宣传企业和产品，根据该主题结合古舍乐器的相关企业和产品信息，设计宣传单的各个页面。

2. 文案

根据主题方案分别从外页和内页两个部分梳理文案。外页作为整个宣传单三折页核心展示的部分，需要第一时间展现出宣传单三折页主题、企业的联系方式等，以便用户了解企业；内页可根据提供的素材从乐器介绍、产品分类、产品介绍 3 个板块出发，传达乐器信息。

3．风格

根据设计方案及文案内容，构思整体风格和色彩风格。

（1）整体风格

古舍乐器作为一家传统乐器制作企业，其宣传单三折页的整体风格应以简约、典雅为主，旨在展现企业的传统底蕴与文化韵味。同时其内页展示了各类乐器和热销商品，因此整体设计应体现出古典与现代的完美结合，既要保留传统乐器的经典元素，又要融入现代设计的创新理念。

（2）色彩风格

色彩风格要能够很好地体现传统乐器的历史感和文化气息，如黄色、红色等。同时，为了保持整体设计的和谐与统一，背景色可以采用大面积的棕色和白色，使内容更加突出，带给观者清新、雅致的视觉感受。

本案例的参考效果如图12-21所示。

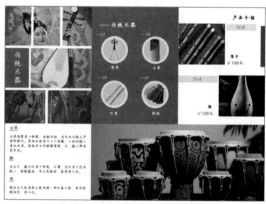

图 12-21

【**素材位置**】配套资源 :\ 素材文件 \ 第 12 章 \ "乐器宣传单三折页素材"文件夹

【**效果位置**】配套资源 :\ 效果文件 \ 第 12 章 \ 乐器宣传单三折页 .psd、乐器宣传单三折页立体效果 .psd

12.2.2 使用 Midjourney 中文站生成宣传单素材

具体操作如下。

STEP 01 进入 Midjourney 中文站官网首页，单击 开始创作 按钮，在左侧选择 "MJ 绘画"选项卡，在右侧的 "模型广场"栏中选择 "MJ5.2（真实细节）"选项。

STEP 02 在右侧单击 参数设置 按钮，在 "生成尺寸——ar"栏中选择 "9 : 16 宣传海报"选项，在 "高级参数"栏中设置 "质量化"为 "100"，"风格化"为 "100"，然后在下方的文本框中输入描述文字 "古风庭院中景，低角度拍穿汉服背影，淡雅色彩，柔和光线，专注表情，宁静氛围，中焦镜头，平衡构图，淡雅。"，单击 提交 ➤ 按钮。

STEP 03 稍等片刻，生成的海报效果将在上方显示，在 "编辑"栏中单击 "U2"选项，如图 12-22 所示。

STEP 04 稍等片刻，在上方将显示生成的海报效果，单击该图片将其以 "人物 .jpg"格式进行保存，如图 12-23 所示。

图 12-22

图 12-23

12.2.3 使用 Photoshop 制作外页

具体操作如下。

STEP 01 新建大小为"285毫米×210毫米",名称为"乐器宣传3折页"的图像文件。

STEP 02 由于整个三折页分为3个版面,为了避免版面将文字分开,可使用"矩形选框工具" ▢ 在图像编辑区的左右两侧绘制"95毫米×210毫米"的矩形框,然后沿着矩形框添加参考线,打开"渲染.png"素材文件,将素材拖曳到新建的图像文件中,调整大小和位置,效果如图12-24所示。

STEP 03 打开"人物.jpg"素材文件中,将人物拖动到渲染素材所在图层上方,在其上单击鼠标右键,在弹出的快捷菜单中选择"创建剪贴蒙版"命令,将人物置入到晕染素材中,效果如图12-25所示。

STEP 04 单击"创建新的填充或调整图层"按钮 ◕,在打开的下拉列表中选择"色彩平衡"选项,打开"色彩平衡"属性面板,设置颜色分别为"-4""+8""+1",然后创建剪贴蒙版,如图12-26所示。

图 12-24

图 12-25

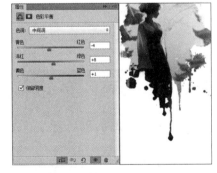

图 12-26

STEP 05 打开"印章.png、纹理.png"素材文件,将其中的印章、纹理拖曳到图像中调整大小和位置,并设置纹理的不透明度为"30%",效果如图12-27所示。

STEP 06 选择"横排文字工具" Ⅰ,输入"古""韵"文字,设置字体为"方正字迹-吕建德字体","颜色"为"#000000",调整大小和位置,如图12-28所示。

STEP 07 使用"直排文字工具" Ⅰ 输入其他文字,设置字体为"方正字迹-黄登荣行楷简",设置字体颜色为"#877553",然后使用"矩形工具" ▢ 在下方文字上绘制颜色为"#877553"的矩形框,完成封面的制作,如图12-29所示。

STEP 08 接下来将制作中间部分,选择"矩形工具" ▢,在封面左侧绘制"95毫米×210毫米"的矩形,设置填充颜色为"#877553"。将"印章"素材拖曳到图像顶部调整大小和位置,如图12-30所示。

图12-27 　　　　　　图12-28 　　　　　　图12-29 　　　　　　图12-30

STEP 09 使用"直排文字工具" ⊺ 和"横排文字工具" T 输入文字,设置字体为"方正字迹–黄登荣行楷简",并调整文字大小和位置,如图12-31所示。

STEP 10 打开"二维码.png"素材文件,将其添加到文字下方,完成中间部分的制作。

STEP 11 制作左侧页面部分,选择"矩形工具" ▢,在封面左侧绘制"95毫米×210毫米"的矩形,设置填充颜色为"#877553"。打开"琵琶.png"素材文件,将其中的琵琶图片拖曳到图像中调整大小和位置,然后为图片创建剪贴蒙版,并设置琵琶所在图层的不透明度为"30%",如图12-32所示。

STEP 12 使用"横排文字工具" T 输入"古舍乐器–传统工艺"文字,设置字体为"方正字迹–吕建德字体",并调整文字的大小、位置和颜色。

STEP 13 选择"直线工具" ╱ 在文字下方绘制直线,然后新建图层组,将所有图层移动到图层组中,并将图层组命名为"外页",完成左侧页面的制作。外页效果如图12-33所示。

图12-31 　　　　　　图12-32 　　　　　　　　　　图12-33

12.2.4　使用 Photoshop 制作内页

具体操作如下。

STEP 01 隐藏"外页"图层组，新建图层，选择"矩形选框工具" ，在图像的顶部绘制 6 个不同大小的矩形，并填充为"#ebebeb"颜色，如图 12-34 所示。

STEP 02 打开"人物 2.jpg"素材文件，将图片素材拖动到矩形上方，并调整大小和位置，然后为图片创建剪贴蒙版，如图 12-35 所示。

STEP 03 选择"矩形工具" ，在左侧空白区域绘制"305 像素 ×506 像素"的矩形，并设置填充颜色为"#877553"。使用"横排文字工具" 和"直排文字工具" 输入文字，设置字体为"方正字迹－海体楷书简体"，调整文字大小、位置和颜色，并为主要文字添加下划线，完成左侧部分的制作，效果如图 12-36 所示。

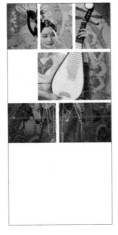

图 12-34　　　　　　　　　　图 12-35　　　　　　　　　　图 12-36

STEP 04 下面将制作中间部分，新建图层，选择"矩形选框工具" ，在中间区域沿着参考线绘制矩形，并填充为"#877553"颜色。

STEP 05 打开"鼓 .jpg"素材，将图片素材拖动到矩形下方，调整大小和位置，如图 12-37 所示。

STEP 06 选择"横排文字工具" ，输入"传统乐器"文字，设置字体为"方正字迹－海体楷书简体"，调整文字大小和位置，并在文字前面绘制一条直线，如图 12-38 所示。

STEP 07 选择"椭圆工具" ，在左侧空白区域绘制"348 像素 ×348 像素"的正圆，设置填充颜色为"#d7d7d7"，描边颜色为"#f0eeec"，描边宽度为"28 点"。

STEP 08 使用"移动工具" 选择绘制的正圆，按住【Alt】键不放，向右和向下拖曳复制 3 个正圆，效果如图 12-39 所示。

STEP 09 打开"古筝 .png、快板 .png、琵琶 2.png、竹笛 .png"素材文件，将图片素材拖曳到正圆上，调整大小和位置，然后创建剪贴蒙版。

STEP 10 选择"横排文字工具" ，输入文字，设置字体为"方正字迹－海体楷书简体"，然后调整文字大小和位置，完成中间部分的制作，效果如图 12-40 所示。

STEP 11 选择"矩形工具" ，在右侧空白处绘制不同大小的矩形，并设置填充颜色分别为"#ebebeb""#877553"，如图 12-41 所示。打开"笛子 .jpg、埙 .jpg"素材文件，将图片素材拖曳到矩形上，调整大小和位置，然后为图片创建剪贴蒙版，效果如图 12-42 所示。

STEP 12 选择"横排文字工具" ，输入文字，设置字体为"方正字迹－海体楷书简体"，然后调整文字大小和位置，完成右侧部分的制作，效果如图 12-43 所示。

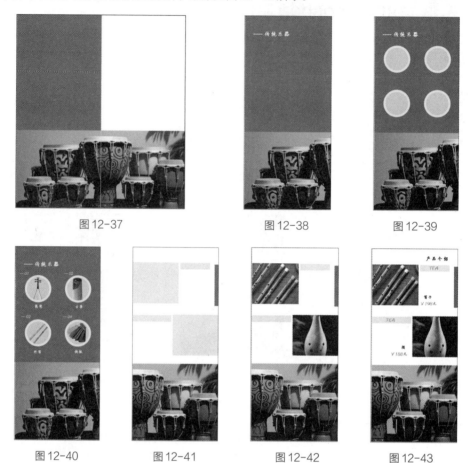

图 12-37　　　　　　　　图 12-38　　　　　　　　图 12-39

图 12-40　　　　　　图 12-41　　　　　　图 12-42　　　　　　图 12-43

STEP 13 新建图层组，将所有图层移动到图层组中，并将图层组命名为"内页"，完成内页的制作，效果如图 12-44 所示。

STEP 14 打开"宣传单三折页立体素材 .psd"素材文件，如图 12-45 所示。双击内页 2 所在图层。

图 12-44

图 12-45

STEP 15 打开编辑页面，切换到"乐器宣传 3 折页 .psd"图像文件，分别对外页和内页进行盖印操作，隐藏正面图层，使用"矩形框选工具"▣框选内页 2，然后使用"移动工具"▶将框选区域内容移动到编辑页面中，调整图像的大小与位置。

STEP 16 完成后保存文件，返回立体素材可发现图像已经发生变化，效果如图 12-46 所示。

STEP 17 使用相同的方法，为宣传册其他页面添加贴图，返回图像编辑区，按【Ctrl+Shift+S】组合键另存文件，并设置文件名称为"乐器宣传单三折页立体效果"，效果如图 12-47 所示。

图 12-46

图 12-47

12.3 中秋节宣传海报设计

12.3.1 案例构思

中秋节将至，某商场为了营造浓厚的节日气氛，吸引客流量，准备开展中秋节的促销活动，需要制作一幅尺寸为 30 厘米 ×45 厘米，分辨率为 100 像素 / 英寸的活动海报，并以喜庆的色调，给顾客带来节日的氛围感，再将海报放到商场内多个醒目的位置，给人带来视觉冲击力。要求海报主视觉为两个卡通兔子形象和月亮背景。兔子形象应活泼可爱，展示跳跃姿态，体现中秋节的欢快氛围。月亮元素应作为背景的重要组成部分，凸显中秋节特色。海报上方应设计醒目的文字内容，字体要大气、易读，且与整体设计风格相协调。

为更好地完成本案例的制作，在制作时可从以下两个方面构思。

1. 素材选择

为了体现中秋节的氛围感，先收集并使用具有节日特色的素材，突出节日的气氛，让画面设计整体带有浓浓的节日氛围感。

2. 创作思路

本案例可分为 3 个部分，第 1 个部分为制作海报背景，运用大面积的红色为主要色调，具有强烈的视觉冲击力；第 2 个部分将制作画面中的主要图像，运用兔子、圆月、月饼、桂花表现中秋节，并运用流苏突出中国特色；第 3 个部分主要是添加一些辅助素材和文字，起到画龙点睛的作用。

本案例的参考效果如图 12-48 所示。

图 12-48

【素材位置】配套资源:\ 素材文件\ 第 12 章\ "中秋节宣传海报素材"文件夹
【效果位置】配套资源:\ 效果文件\ 第 12 章\ 中秋节宣传海报 .psd

12.3.2 使用 Photoshop 制作宣传海报背景

具体操作如下。

视频教学:
中秋节宣传海报

STEP 01 新建大小为"30 厘米 ×45 厘米"、分辨率为"100 像素 / 英寸"、名称为"中秋节宣传海报"的图像文件。选择"渐变工具"，在工具属性栏中设置渐变颜色为"#c60013"~"#900002"，渐变方式为"线性渐变"，在图像上方按住鼠标向下拖曳，填充背景。

STEP 02 打开"圆纹 .psd"素材文件，使用"移动工具"将其拖曳到海报中，并在"图层"面板中设置该图层不透明度为"25%"，如图 12-49 所示。

STEP 03 打开"月饼 .psd"素材文件，使用"移动工具"将其拖曳到海报中，调整大小和位置，如图 12-50 所示。

STEP 04 打开"流苏 .png"素材文件，使用"移动工具"将其拖曳到海报中，双击"线条"图层右侧的空白区域，打开"图层样式"对话框，勾选"投影"复选框，设置投影颜色为"#b33335"、不透明度为"42%"、角度为"154 度"、距离为"60"、扩展为"10"、大小为"36"，单击 确定 按钮，效果如图 12-51 所示。

STEP 05 打开"月亮 .png"素材文件，使用"移动工具"将其拖曳到画面下方，单击该图层下方的"添加图层蒙版"按钮，选择"矩形选框工具"，沿着线条绘制矩形框，设置前景色为"#000000"，按【Alt+Delete】组合键填充前景色，此时可发现右侧区域被隐藏，如图 12-52 所示。

图 12-49

图 12-50

图 12-51

图 12-52

12.3.3 使用 Photoshop 制作宣传海报内容

具体操作如下。

STEP 01 打开"灯笼 .psd"和"兔子 .png"素材文件，使用"移动工具"将其拖曳到海报中，调整大小和位置，如图 12-53 所示。

STEP 02 选择"横排文字工具"，在工具属性栏中设置字体为"汉仪综艺体简"，输入文字，设置文字大小、位置和颜色，如图 12-54 所示。

STEP 03 选择"钢笔工具"，在文字下方绘制带弧度的路径，如图 12-55 所示。

STEP 04 选择"横排文字工具"，将鼠标指针移动到路径的一端，当鼠标呈状态时，在其上输入"嫦娥月宫起舞，玉兔广寒出入"文字，设置字体为"汉仪综艺体简"，输入文字，设置文字大小、位置和颜色，如图 12-56 所示。

图 12-53

图 12-54

图 12-55

图 12-56

STEP 05 选择"横排文字工具" T.，在工具属性栏中设置字体为"汉仪综艺体简"，输入"中秋"文字，设置文字大小、位置和颜色，然后使用"直排文字工具" IT.在文字的中间区域输入"佳节"文字。

STEP 06 打开"印章.png"素材文件，使用"移动工具" ⊕.将其拖曳到"佳节"图层下方，调整大小和位置，效果如图 12-57 所示。

STEP 07 选择"横排文字工具" T.，在工具属性栏中设置字体为"思源黑体 CN"，输入其他文字，设置文字大小、位置、字体样式和颜色，效果如图 12-58 所示。

STEP 08 新建图层，选择"画笔工具" ✐.，在画面中绘制多个橘黄色圆点图像，并在"图层"面板中设置图层混合模式为"强光"，效果如图 12-59 所示。

STEP 09 打开"祥云.psd"素材文件，使用"移动工具" ⊕.分别将其拖曳到画面左上方，完成后保存文件，最终效果如图 12-60 所示。

图 12-57

图 12-58

图 12-59

图 12-60

12.4
书籍装帧设计

12.4.1 案例构思

近年来随着对传统文化的复兴与重视，仿古建筑作为一种承载历史与文化的重要载体，受到了人们广泛的关注和喜爱。为了深入探究仿古建筑的魅力，并普及相关知识，某出版准备出版尺寸为16开（185毫米×260毫米），书脊厚度为15毫米，名为《仿古建筑》的书，现在需要设计书籍的封面、封底和书脊，封面须包含书名、作者署名、出版社名称、内容介绍，以及与仿古建筑相关的图像；书脊须包含书名、作者署名、出版社名称；封底须包含推荐语、条形码。旨在通过精美的图片、生动的文字，向读者展示仿古建筑的独特韵味和深厚文化内涵。

为了更好地完成本案例的制作，可从以下4个方面构思。

1. 封面设计

将书名作为主要内容放置在封面中央，为书名选择契合本书主题的书法字体，如"方正字迹－李凤武行书 简"等，以彰显书籍的文化底蕴。然后添加具有代表性的建筑素材，使其更具有历史底蕴，最后添加简洁明了的作者名、出版社名称等文字。

2. 封底设计

封底沿用封面设计，将介绍文字作为封底主要内容放置在封底中央。为了区别封底与封面的不同，可以在封底中运用符合本书装帧的设计风格，但与封面不一样的装饰元素，如梅花，条形码按规定展示在封底右下角，以便查看。

3. 书脊设计

书脊背景可以沿用封面中的灰色，使书籍的整体外观看起来更加连贯、统一。同时，还可以沿用封面中的书名文字字体，将书名放在书脊中央，在其下依次放置作者署名与出版社名称，简要地传达信息。

4. 色彩与风格

仿古建筑的色彩通常以灰色调展示，在色彩上可以借鉴建筑的色彩特点，采用灰色、黑色等色彩，吸引读者的眼球。在风格可考虑水墨风格，契合本书的主题和内容，加深读者对书籍的印象。

整体内容和布局、尺寸和文字如图12-61所示。

本案例的参考效果如图12-62所示。

【素材位置】配套资源:\素材文件\第12章\"建筑书籍装帧"文件夹

【效果位置】配套资源:\效果文件\第12章\建筑书籍装帧.psd、书籍立体效果.psd

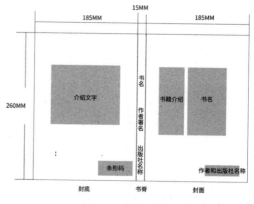

图12-61

图12-62

12.4.2 使用 Photoshop 制作书籍装帧平面图

具体操作如下。

STEP 01 新建大小为"385 毫米 ×260 毫米"、名称为"建筑书籍装帧"的图像文件,通过参考线将其分为封面、封脊、封底 3 个部分。打开"建筑剪影 .jpg"素材文件,将其拖曳到书籍封面下方,并调整大小和位置,如图 12-63 所示。

STEP 02 打开"屋檐 .png"素材文件,将其拖曳到书籍封面右上方,并调整大小和位置,如图 12-64 所示。选择"直排文字工具" IT ,在封面中输入文字,设置字体为"方正字迹 - 李凤武行书简",并调整文字字体、颜色、位置和大小,如图 12-65 所示。

图 12-63   图 12-64   图 12-65

STEP 03 选择"直排文字工具" IT ,在工具属性栏中设置字体为"宋体",输入文字,设置字体大小、位置和颜色。打开"印章 .png"素材文件,将其拖曳到"仿古建筑"文字图层下方,调整大小和位置,效果如图 12-66 所示。

STEP 04 选择"横排文字工具" T ,在工具属性栏中设置字体为"宋体",输入作者和出版社文字,设置文字大小、位置和颜色,完成封面的制作,效果如图 12-67 所示。

STEP 05 打开"红梅 .png"素材文件,将其拖曳到封底的左侧,调整大小和位置。选择"横排文字工具" T ,在红梅的下方输入文字,设置字体为"思源黑体 CN",调整大小和位置。然后使用"直排文字工具" IT 在文字左侧输入"仿古建筑"文字,字体为"方正字迹 - 李凤武行书 简",并在文字下方绘制矩形,效果如图 12-68 所示。

图 12-66   图 12-67   图 12-68

STEP **06** 打开"条形码 .png"素材文件，将其拖曳到封底右下角，调整大小和位置，使用"矩形工具" ▣ ，在条形码的下方绘制矩形并在矩形上方输入"定价 79.8 元"文字，调整文字的字体、位置和大小，完成封底的制作，效果如图 12-69 所示。

STEP **07** 使用"矩形工具" ▣ 沿着中间的参考线绘制填充颜色为"#a6ada8"的矩形，选择"直排文字工具" ⊺ ，在书脊中输入文字，调整文字的字体、颜色、位置和大小，完成书脊的制作，效果如图 12-70 所示。

图 12-69

图 12-70

12.4.3 使用 Photoshop 制作书籍装帧立体图

具体操作如下。

STEP **01** 按【Ctrl+Shift+Alt+E】组合键盖印图层，选择盖印图层，使用"矩形选框工具" ▣ 将封面部分框选出来，按【Ctrl+J】组合键复制框选部分。再次选择盖印图层，然后框选书脊部分并复制，重复操作，依次将书籍的 3 个区域分别复制出来。

STEP **02** 打开"书籍立体素材 .psd"素材文件，如图 12-71 所示，双击"双击替换"图层。

STEP **03** 打开编辑页面，返回"建筑书籍装帧 .psd"图像文件，然后使用"移动工具" ⊹ 将书脊和封面内容移动到编辑页面中，调整图像的大小与位置，如图 12-72 所示。

图 12-71

图 12-72

12.5 课后练习

练习 1 制作环保地铁灯箱广告

【制作要求】公益组织为倡导"人与自然和谐相处"的理念，准备制作以"爱护自然"为主题的地铁灯箱广告。

【操作提示】在设计时，先根据提供的素材制作剪影效果，然后在上方输入文字。参考效果如图12-73所示。

【素材位置】配套资源：\ 素材文件 \ 第12章 \ 课后练习 \ "环保地铁灯箱广告素材"文件夹

【效果位置】配套资源：\ 效果文件 \ 第12章 \ 课后练习 \ 环保地铁灯箱广告 .psd

练习 2 制作果汁包装

【制作要求】某饮品公司准备上新一款罐装的果汁饮料，因此需要为其设计包装，要求颜色鲜艳，能够抓住消费者的眼球。

【操作提示】在制作包装时，可将包装分为3个部分，先制作中间区域，然后制作两边并输入文字。参考效果如图12-74所示。

【素材位置】配套资源：\ 素材文件 \ 第12章 \ 课后练习 \ "果汁包装"文件夹

【效果位置】配套资源：\ 效果文件 \ 第12章 \ 课后练习 \ 果汁包装平面图 .psd、果汁包装立体图 .psd

图 12-73

图 12-74

平面设计是一门综合性学科，需要掌握广泛的技术技能知识，平面设计师要想制作出具有吸引力的平面效果，需要持续不断地学习和实践。以下是整理出的平面设计中的一些学习重点，读者可以扫码查看，拓展自身的知识面，提升自己的综合能力。

 知识拓展

一个成功的平面设计效果，需要设计师有独特的创意和设计能力。平面设计师需要在设计与制作平面设计作品的过程中学会收集与处理图片素材，灵活应用各种操作技能，从而有效地传达设计的主题，引起观看者的共鸣。此外，平面设计师还要不断学习和适应新的技术和发展趋势，以便创作出与时俱进的平面设计作品。

资源链接：平面设计基础　资源链接：平面创意　资源链接：平面构图　资源链接：色彩搭配　资源链接：AI工具应用

2 能力提升

平面设计广泛应用在各行各业，且不同应用领域的平面设计制作要求和效果不同，平面设计师可以多观看和研究优秀的平面设计作品，提升自己的设计能力。

案例详情：制作宣传海报　案例详情：制作横幅　案例详情：制作微博开屏广告　案例详情：制作活动海报　案例详情：制作标志

案例详情：制作书签　案例详情：制作个人名片　案例详情：制作网站首页　案例详情：制作App界面首页　案例详情：制作手提袋包装